"十三五"国家重点出版物出版规划项目
先进制造理论研究与工程技术系列

三维机械设计课程设计指导书

曲建俊　罗云霞　主编

宋宝玉　主审

U0222643

哈尔滨工业大学出版社
HARBIN INSTITUTE OF TECHNOLOGY PRESS

内 容 简 介

本书是根据普通高等学校机械类专业"机械设计课程设计教学基本要求",结合三维 CAD/CAE/CAM 技术的发展和社会对机械类人才的三维数字化设计能力的需求,在宋宝玉主编的《机械设计课程设计指导书》的基础上,同时吸纳我校及兄弟院校在机械设计课程设计教学方面的经验编写而成的,旨在帮助学生了解三维机械设计的方法和步骤,快速掌握三维机械设计的技巧,提高三维设计能力。

本书基于 SolidWorks 软件,介绍了一般机械传动装置的三维设计内容、方法和步骤,以一级蜗杆减速器和二级展开式圆柱齿轮减速器的三维设计为例,着重介绍了三维机械设计的方法和技巧,为后续相关课程的三维设计奠定基础。

本书可供高等工科院校机械类、近机械类专业进行三维机械设计课程设计或其他机械类课程的三维设计及三维设计教学使用,也可供高等职业技术学院等学校使用,并为相关工程技术人员提供参考。

图书在版编目(CIP)数据

三维机械设计课程设计指导书/曲建俊,罗云霞主
编.—哈尔滨:哈尔滨工业大学出版社,2019.6(2020.8 重印)
(先进制造理论研究与工程技术系列)
"十三五"国家重点出版物出版规划项目
ISBN 978-7-5603-8492-4

Ⅰ.①三… Ⅱ.①曲… ②罗… Ⅲ.①机械设计-计
算机辅助设计-课程设计-高等学校-教学参考资料
Ⅳ.①TH122

中国版本图书馆 CIP 数据核字(2019)第 194299 号

策划编辑 甄森森
责任编辑 李长波 谢晓彤
出版发行 哈尔滨工业大学出版社
社   址 哈尔滨市南岗区复华四道街 10 号 邮编 150006
传   真 0451-86414749
网   址 http://hitpress.hit.edu.cn
印   刷 黑龙江艺德印刷有限责任公司
开   本 787 mm×1092 mm 1/16 印张 9 字数 230 千字
版   次 2019 年 6 月第 1 版 2020 年 8 月第 2 次印刷
书   号 ISBN 978-7-5603-8492-4
定   价 36.80 元

前　言

　　三维设计是指借助于三维设计软件,利用计算机直接用三维立体图表达零件结构或设计机器。三维 CAD/CAE/CAM 技术的发展,改变了设计、制造领域原有的理念、过程和方法。在三维 CAD 环境中,三维数字模型可用于表达设计思想和数控加工制造,二维图样可由三维 CAD 软件自动生成。

　　在发达国家和地区,三维 CAD 技术不仅应用于航空、航天、汽车、船舶等高端制造业,而且在各种民用产品设计和制造中也得到了广泛应用。在目前制造业全球化协作分工的背景下,我国的一些企业也正在广泛、深入地应用三维设计技术。随着《中国制造 2025》战略目标的提出,三维数字化设计技术逐渐成为产品设计和加工制造的核心内容,这对工科院校机械类人才的三维设计能力提出了更高的要求。因此,高等院校加强机械类人才三维创新设计方面的教育势在必行。

　　机械设计课程设计是高等院校工科机械类和近机械类专业的一门重要的技术基础课。为了适应先进设计和制造技术的发展和社会需求,国内一些院校正在开展基于三维设计软件的设计类课程的改革和探索。针对目前未见三维机械设计课程设计方面系统的教学参考书的现状,为了帮助学生了解三维机械设计的方法和步骤,迅速掌握三维机械设计的方法和技巧,提高三维设计能力,我们根据普通高等学校机械类专业"机械设计课程教学基本要求",结合近几年指导三维机械设计课程设计的教学实践经验编写了本书。

　　本书编写的原则如下。

　　(1)以满足三维课程设计的需求为主,重点介绍三维设计的方法和步骤,对参考图例和机械设计常用标准、规范等不重复赘述。

　　(2)本书以减速器设计为例,系统地阐述了三维机械设计的方法和步骤,内容简洁、通俗易懂、便于自学,以期启发和开阔学生的思路,使学生能够迅速掌握三维机械设计的方法和技巧,提高三维设计能力。

　　(3)本书全部采用最新国家标准。

　　本书由曲建俊(第 1、2、3、4 章)、罗云霞(第 5、6、7 章)编写,由哈尔滨工业大学宋宝玉教授主审。

　　在编写过程中得到了哈尔滨工业大学机械设计系的领导和老师们的大力支持和帮助,特别是积极参加三维机械设计课程设计的机电工程学院的同学们,在进行三维机械设计课程设计探索过程中教学相长,在此表示衷心的感谢!

　　由于编者水平有限,书中难免存在疏漏和不足,敬请广大读者批评指正。

编　者
2019 年 5 月

目　　录

第1章　三维机械设计课程设计概述

1.1　三维机械设计课程设计的目的和内容

随着 CAD/CAE/CAM 技术的发展,机械设计和制造领域原有的理念、过程和方法发生了很大变化。传统的二维图样不再是产品设计、制造中所必须、唯一的技术文件,运用三维造型软件,在三维 CAD 环境中,从事产品的设计开发工作已经成为一些发达国家和地区高端制造业必备的三维 CAD 技术。在我国,一些先进企业也已经把掌握三维造型软件,具有三维设计能力作为实现制造信息化、数字化、网络化、智能化必备的技能。为了适应先进设计和制造技术的迅速发展与社会需求,高等院校正在加强三维设计方面的教育力度,对工科院校机械类和近机械类各专业学生的三维设计能力提出了更高的要求。因此,在机械设计课程设计中开展基于三维设计软件的三维课程设计十分必要。

机械设计课程设计是机械设计课程的重要实践环节,是工科院校机械类和近机械类专业学生首次关于设计能力的综合性训练,在专业培养方案中具有承上启下的作用。三维机械设计课程设计就是培养学生综合运用三维造型软件进行机械设计课程设计的能力,其基本目的如下。

(1)培养学生理论联系实际的设计思想、创新能力和工程意识。

(2)培养学生综合运用已修的基础课、机械设计课程的理论,分析和解决机械设计方面实际问题的能力。

(3)对学生进行与机械设计相关的基本技能训练,如计算、绘图、熟悉和运用设计资料(手册、图册、国家标准和规范)以及进行经验估算和处理数据的能力。

(4)巩固和提高学生对零部件的计算机二维、三维表达和三维设计能力,掌握产品的三维设计过程和基本方法,为后续相关课程的学习奠定基础。

三维机械设计课程设计的主要内容是传动装置的总体设计,传动件的三维设计,减速器装配体的三维建模设计,二维装配图和零件工作图的设计,3D 打印及编写设计说明书。

1.2　三维设计软件简介

三维设计软件种类较多,诸如 SolidWorks、Inventor、Pro/E、UG 等,下面着重介绍机械类和近机械类专业在进行机械设计课程设计时常用的两种软件。

(1)SolidWorks 是美国 SolidWorks 公司推出的基于 Windows 系统平台的 CAD/CAM/CAE 一体化软件,是目前功能强大、性能优越、简单易学、广泛应用于机械设计领域的三维设计软件之一。它的主要特点如下。

①具有强大的基于特征的实体建模功能。它可以通过特征操作实现产品设计,方便地添加、更改、重新编排特征,对特征和草图进行动态修改,实现实时设计修改。

②装配体设计中具有参数化设计及全关联性等特点,支持自下而上和自上而下两种装配设计。它可以动态查看装配体的所有运动,并对运动零部件进行动态的干涉检查和间隙检查;还可以应用智能零件技术自动完成重复设计,运用智能化装配技术完成自动捕捉并定义装配关系。

③工程图设计中,可自动生成详细、准确的工程图样。在修改图样时,三维模型、各个视图、装配体都会进行自动更新。

④可以进行运动仿真,生成虚拟装配和爆炸图。

⑤具有有限元分析等功能模块。

(2)Inventor是美国Autodesk公司推出的一款三维可视化实体模拟软件。它的主要特点如下。

①具有强大的三维建模能力,并且可以根据设计信息(如载荷、速度和功率等)来构建零部件。借助一个由功能设计驱动的工作流,可快速制造数字样机,在投入制造之前验证设计功能并检查错误,充分考虑设计的实际需求。

②具有高效的装配能力。它可以从三维模型直接装配生成装配部件。

③自动生成工程图。它可以从三维模型直接生成零件和装配体的各种视图,快速标注工程图。

④一流的渲染功能。它可以快速创建高质量的渲染、动画和演示文档。

⑤集成应力分析和仿真。它可以分析载荷下的应力和偏差,对零件进行有限元分析和强度校核,进行优化设计;动态仿真功能可以预测组装零件在实际环境中不断变化的载荷、不同的摩擦特性以及弹簧和避震器等动态元件影响下的受力和加速度,进行运动学和动力学分析。

SolidWorks和Inventor是进行常用的三维机械设计的基本软件,可以满足设计要求,Pro/E和UG是更高级的设计软件,在需要进行后续各种分析时使用。因此,在三维机械设计课程设计中,为了使学生全面地了解机械设计的过程,不因软件功能的强大而忽略了对常用的机械设计的设计计算和参数选择方法的掌握,本书选择基于SolidWorks软件进行三维设计。

1.3　三维机械设计课程设计的基本方法

装配体的三维设计方法有两种基本方法,其一是自下而上设计法,其二是自上而下设计法,有时也可以将二者结合使用。

1. 自下而上设计法(Down—Top)

首先单独设计并生成零件的三维几何模型,然后将其插入装配体,根据零件间的设计要求,通过使用装配约束条件(配合)来定位零件,从而获得装配体的三维建模,装配体检验通过后生成工程图。设计过程如下。

(1)在零件环境下创建构成部件的所有零件或子部件。

(2)在装配环境下装入所有零件或子部件。自下而上设计流程如图1.1所示。

图1.1　自下而上设计流程

[**例1**]　以机械设计课程大作业螺旋千斤顶设计为例,千斤顶工作原理图如图 1.2 所示。已知千斤顶的起重量 $F_Q = 500\ 000$ N,最大起重高度为 $H = 150$ mm,采用自下而上设计法进行千斤顶的三维设计建模。

①设计分析与计算,确定千斤顶的主要结构参数。

选择螺杆的材料为 45 调质,螺母的材料为铝青铜 ZCuAl10Fe3,螺杆采用梯形螺纹,进行耐磨性计算,求出螺杆螺纹的中径 d_2,分别进行螺杆强度校核、螺母螺纹牙的强度校核、自锁条件校核、螺杆的稳定性校核(计算过程略),最终得出满足设计要求的螺杆螺纹中径 d_{g2},然后根据经验公式计算并设计出千斤顶主要结构设计参数见表 1.1,千斤顶主要结构参数示意图如图 1.3 所示。

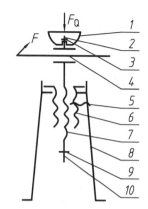

图 1.2　千斤顶工作原理图

1—托杯;2,10—螺钉;3,9—挡圈;
4—手柄;5—紧定螺钉;6—螺母;
7—螺杆;8—底座

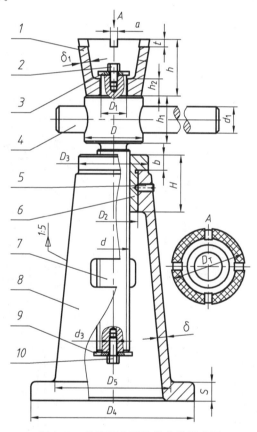

图 1.3　千斤顶主要结构参数示意图

1—托杯;2,10—螺钉;3,9—挡圈;4—手柄;5—紧定螺钉;6—螺母;7—螺杆;8—底座

②设计并绘制千斤顶的非标准零件图。

根据表 1.1 所示的各结构参数,设计并绘制出千斤顶的非标准零件图如图 1.4(a)～(g)所示。千斤顶的二维装配图如图 1.5 所示。

表 1.1　千斤顶主要结构设计参数　　　　　　　　　　　　　　mm

结构参数	设计值	结构参数	设计值
螺杆的公称直径 d	36	底座圆锥壁厚 δ	10
螺杆的螺纹中径 d_{g2}	33	底座锥度 $1:5$（拔模斜度 $1:10$）	$1:5$
螺杆的螺纹小径 d_{g1}	29	底座圆柱面直径 $D_4 = 1.4\, D_5$	178
螺杆的螺距 P	6	底座外圆锥底面直径 D_5（由结构确定）	126
螺纹旋合圈数 Z	10	底座圆柱高度 $S = (1.5\sim2)\,\delta$	20
螺杆的螺纹线数 n	1	螺杆与托杯连接圆柱直径 $D_1 = (0.6\sim0.8)\,d$	28
旋合长度 L（螺母轴向长度）	60	螺杆与托杯连接圆柱长度 $h_2 = (0.6\sim0.8)\,D_1$	22
螺杆穿插手柄部分圆柱的长度 $h_1 = (1.8\sim2)\,d_1$	50	紧定螺钉公称直径	8
螺杆穿插手柄部分圆柱的直径 $D = (1.6\sim1.8)\,d$	64	固定挡圈用螺钉公称直径 $d_3 = (0.25\sim0.3)\,D_1 \geqslant 6$	8
螺母与底座配合直径 $D_2 \approx 1.5\,d$	54	托杯壁厚 $\delta_1 = 8\sim10$	10
螺母凸缘外径 $D_3 \approx 1.4\,D_2$	76	托杯最大直径 $D_T = (2\sim2.5)\,d$	80
螺母凸缘厚 $b = (0.2\sim0.3)\,H$	16	托杯槽宽 $a = 6\sim8$	8
手柄直径 d_1	28	托杯槽深 $t = 6\sim8$	8
手柄长度 l（另加套筒 550）	300	托杯高 $h = (0.8\sim1)\,D$	60

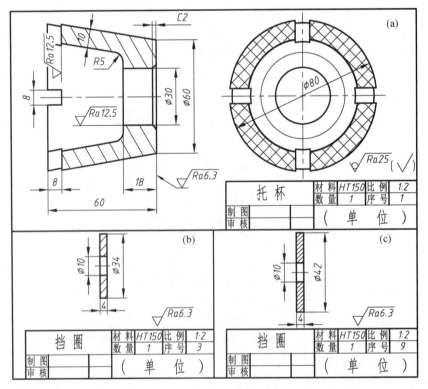

图 1.4　千斤顶的非标准零件图

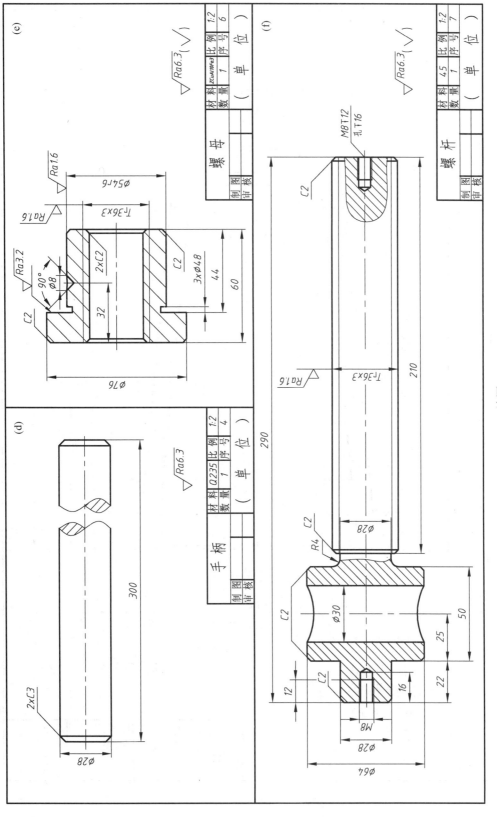

续图 1.4

(g)

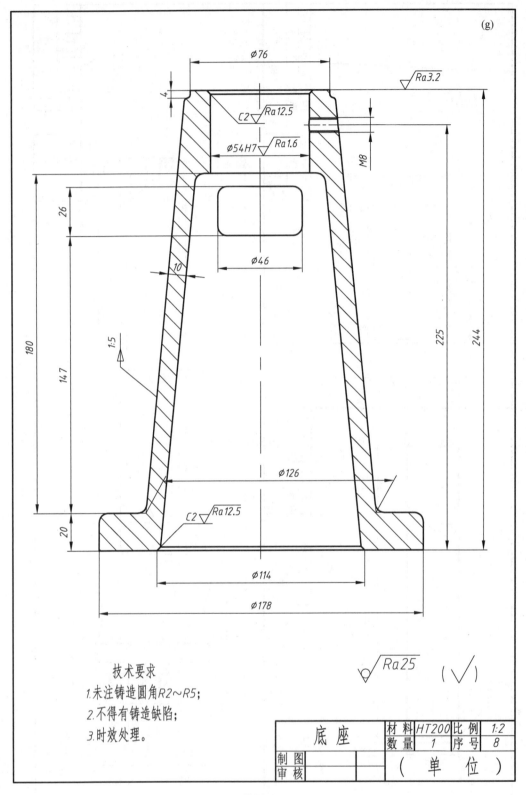

技术要求

1.未注铸造圆角R2~R5;

2.不得有铸造缺陷;

3.时效处理。

底 座	材 料	HT200	比 例	1:2
	数 量	1	序 号	8
制 图			(单 位)	
审 核				

续图 1.4

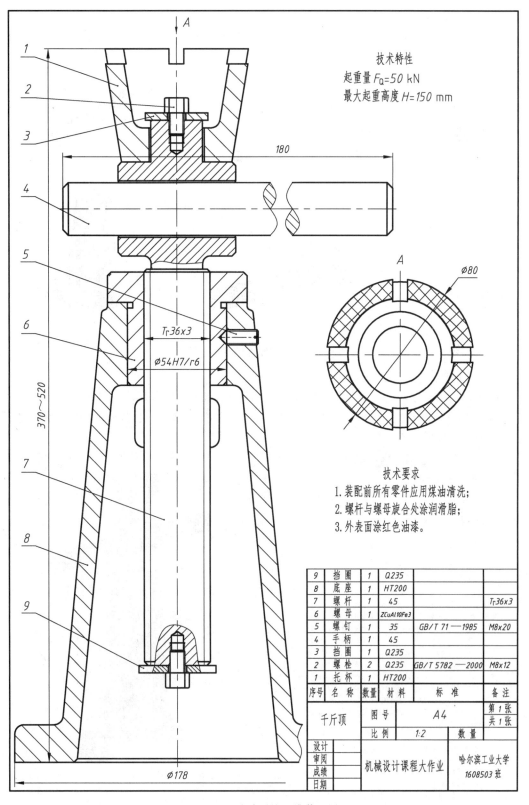

技术特性

起重量 F_Q=50 kN

最大起重高度 H=150 mm

技术要求

1.装配前所有零件应用煤油清洗；

2.螺杆与螺母旋合处涂润滑脂；

3.外表面涂红色油漆。

9	挡圈	1	Q235		
8	底座	1	HT200		
7	螺杆	1	45		Tr36x3
6	螺母	1	ZCuAl10Fe3		
5	螺钉	1	35	GB/T 71 —1985	M8x20
4	手柄	1	45		
3	挡圈	1	Q235		
2	螺栓	2	Q235	GB/T 5782 —2000	M8x12
1	托杯	1	HT200		
序号	名　称	数量	材料	标　准	备　注

千斤顶		图号		A4	第 1 张
					共 1 张
		比例		1:2	数量
设计		机械设计课程大作业		哈尔滨工业大学 1608503班	
审阅					
成绩					
日期					

图 1.5　千斤顶的二维装配图

③非标准零件的三维建模。

根据图 1.4 中各零件图,利用 SolidWorks 软件进行零件的三维建模,具体步骤略。非标准零件的三维建模如图 1.6 所示。

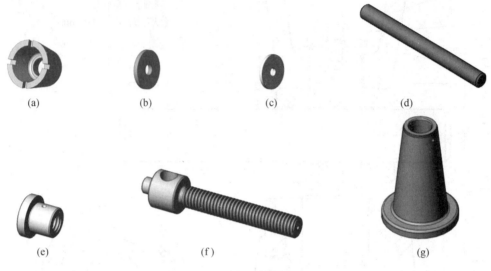

(a)　　　　(b)　　　　(c)　　　　(d)

(e)　　　　　　(f)　　　　　　(g)

图 1.6　非标准零件的三维建模

④千斤顶的三维装配建模。

根据千斤顶非标件的三维建模和 ToolBox 库中标准件的建模,在 SolidWorks 装配环境下,通过插入"现有零件",利用配合即可生成千斤顶的装配建模(过程略)。千斤顶的自下而上设计三维装配建模如图 1.7 所示。

图 1.7　千斤顶的自下而上设计三维装配建模

2. 自上而下设计法(Top—Down)

首先考虑产品的功能及装配体中零部件的关联性,然后对组成装配体的零部件进行详细设计。设计工作从装配体开始,从布局草图或者定义固定的零件位置作为设计的开始,其他零件或部件的设计是以一个主要零件或部件为参考,在未完成的装配体中在位逐渐创建的,即可以参考一个零部件的几何体来生成或修改另一个零部件,在装配体中设计零件的形状、大小及各部分的位置,在装配体文件内部生成新零件。因此,自上而下设计法也称为关联设计或在位设计,其设计过程如下。

(1)在零件环境下创建构成装配体的主要零件或子部件。

(2)在装配环境下装入主要零件或子部件,或者直接在装配文件内部生成新零件以创建主要零件。

(3)按照装配关系和设计要求,设计生成其他零件。自上而下设计流程如图 1.8 所示。

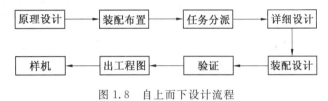

图 1.8   自上而下设计流程

[**例 2**]   根据[例 1]螺旋千斤顶的设计要求,采用自上而下设计法进行千斤顶的三维设计建模。

①设计分析与计算确定千斤顶的主要结构参数。

千斤顶的设计分析与计算同[例 1],千斤顶主要结构设计参数见表 1.1。需要强调指出的是,此时并未绘制出非标准件的零件图。

②在装配环境中进行装配体建模。

在千斤顶的设计过程中,螺杆即为装配体的关键零件。因此,千斤顶装配体的自上而下设计应首先从螺杆的建模开始,其他非标准件都可以根据相对位置在位设计。在装配体建模过程中,为了便于建模,螺杆的螺纹部分暂以其大径 $\phi36$ mm 圆柱代替,螺母内螺纹也暂以圆柱面代替,螺母内孔直径暂取为内螺纹的大径 $\phi36$ mm,两者的螺纹待最后细化。

操作步骤如下。

a. 在 SolidWorks 装配环境下 "插入"→"零部件"→"新零件"或图标 →点击"前视基准面"作为草图平面,绘制螺杆的主要结构草图,如图 1.9 所示→退出零件草图编辑状态或点击图标 →点击特征"旋转凸台",点击√→点击"右视基准面"作为草图平面,绘制螺杆穿插手柄孔 $\phi30$ 草图→点击 ,点击特征"拉伸切除",两侧对称,点击√→依次进行"倒角""倒圆角"和插入"异形孔向导"等(不再赘述),生成螺杆的主要结构,螺杆在位建模如图 1.10 所示→点击图标 ,退出螺杆编辑状态,在设计树下点击螺杆将其设置为"固定"。

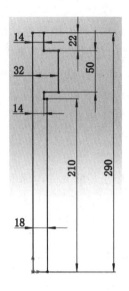
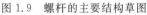

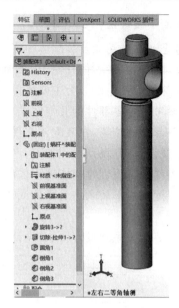

图 1.9　螺杆的主要结构草图　　　　　　　图 1.10　螺杆在位建模

　　b. 在 SolidWorks 装配环境下"插入"→"零部件"→"新零件"或图标 ，在位设计"新零件"如图 1.11 所示→点击"前视基准面"作为草图平面,绘制螺母的主要结构草图,螺母在位建模草图如图 1.12 所示,点击图标 ，退出草图→点击特征"旋转凸台",单击√→依次进行"倒角"(略),生成螺母的主要结构,螺母在位建模如图 1.13 所示→点击图标 ，退出螺母编辑状态。

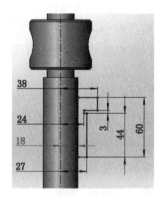

图 1.11　在位设计"新零件"　　　　　　　图 1.12　螺母在位建模草图

　　c. 在 SolidWorks 装配环境下"插入"→"零部件"→"新零件"或图标 ，→点击"前视基准面"作为草图平面,绘制底座的主要结构草图,底座在位建模草图如图 1.14 所示,点击图标 ，退出草图→点击特征"旋转凸台",点击√→依次进行"倒角""倒圆角"等,生成底座的主要结构,底座在位建模如图 1.15 所示→点击图标 ，退出底座编辑状态。

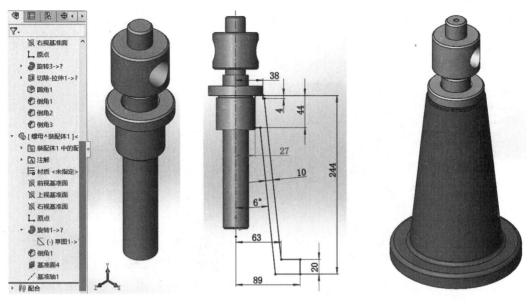

图 1.13　螺母在位建模　　　　图 1.14　底座在位建模草图　　　　图 1.15　底座在位建模

d. 在 SolidWorks 装配环境下"插入"→"零部件"→"新零件"或图标 🖼️ ，→点击"前视基准面"作为草图平面,绘制托杯的主要结构草图,托杯在位建模草图如图 1.16 所示,点击图标 ↳ ,退出草图→点击特征"旋转凸台",点击√→依次进行"倒角""倒圆角""拉伸切除"等,生成托杯的主要结构,托杯在位建模如图 1.17 所示→点击图标 🖼️ ,退出托杯编辑状态。

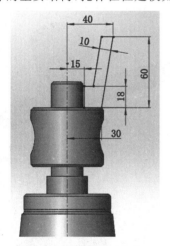

图 1.16　托杯在位建模草图　　　　　　图 1.17　托杯在位建模

e. 由于挡圈、手柄结构较简单,也可以在 SolidWorks 零件建模状态下,分别创建挡圈、手柄等零件的建模,在此不再赘述。

f. 在装配环境下也可以利用单独编辑某零件的命令 🖼️ ,进入该零件的编辑状态进行零件的建模编辑。采用该命令编辑底座,在右侧插入"异形孔",生成紧定 M8 螺纹孔;利用"拉伸切除",在底座前后方生成方孔;在螺母右侧生成紧定螺钉安装锥孔。

在装配环境下单独编辑某零件的步骤,以在螺母上创建锥孔为例:在设计树下,点击螺母后出现单独编辑零件的图标 🖼️ ,点击该图标即可进入螺母零件建模界面,可对其结构进行创建、编辑和修改。点击"草图"→"草图绘制",选择前视基准面为草图平面,绘制安装紧定螺钉锥孔草图,螺母紧定螺钉锥孔建模草图如图 1.18 所示→点击 ⌒,点击特征"旋转切除",点击√→生成安装紧定螺钉孔→退出螺母编辑状态,回到 SolidWorks 装配界面,螺母和底座上紧定螺钉孔相对位置如图 1.19 所示。

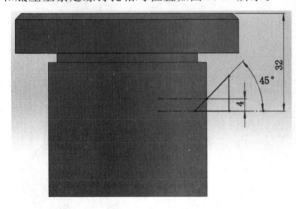
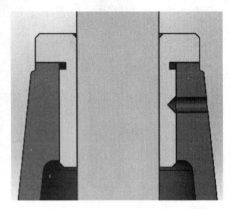

图 1.18　螺母紧定螺钉锥孔建模草图　　　　图 1.19　螺母和底座上紧定螺钉孔相对位置

g. 在 SolidWorks 装配环境下"插入"→"零部件"→"现有零件",分别调用手柄和两个挡圈,采用 ToolBox 调用开槽锥端紧定螺钉 M8×20 和两个相同尺寸的六角头螺钉 M8×12,采用"配合"中的约束条件,实现其装配,详细步骤略。

h. 分别编辑螺杆和螺母,形成其上的螺旋槽,方法同[例1],不再赘述。

千斤顶的自上而下设计三维装配建模如图 1.20 所示。

图 1.20　千斤顶的自上而下设计三维装配建模

通过介绍两种方法的装配体三维建模,可见两种设计方法各有各自特点和应用范围,两种三维设计方法的比较见表 1.2,应根据具体的产品设计情况,选择合适的设计方法。

表 1.2　两种三维设计方法的比较

设计方法	优点	缺点或难点	适用范围
自下而上设计	过程简单:零部件单独设计,没有相互关联参考,建模简单,不容易出错,即使出现错误也易判断和修改 对工程师要求低:设计任务清晰,比较容易完成设计任务 对硬件要求低:零部件之间没有关联参考,修改局限于单个零件或装配体,运算量比较小,对于硬件的要求相对较低	不符合产品设计流程:不适合进行新产品研发 具有局限性:设计修改局限于单个零部件,不能总览全局进行设计和修改,单独编辑修改单个零部件后,相关零部件不能自动更新,需要进行手工干预	对已有 2D 图样进行三维转化阶段,适合初学者 已有产品的变型设计和局部修改
自上而下设计	符合产品开发流程:设计流程与产品研发流程基本一致,符合设计习惯 全局性强:总图修改后,设计变更能自动传递到相关零部件上,从而保证设计一致 效率高:一处修改而全局自动变化。在系列零件设计中效率更高,即:主参数修改→零部件自动更新→所有工程图自动更新,一套新的产品数据自动生成	复杂:零部件之间有大量的关联参考,会增加零部件的复杂程度,有时甚至因为找不到参考源头而无法修改 对工程师要求高:由于参考关联复杂,要求工程师能够熟练操作软件,熟悉产品设计流程和变化趋势 对硬件要求高:关联设计带来大量关联计算,尤其是总图的更新,会导致全部相关零部件自动更新,对于计算机硬件和网络速度提出了很高的要求 对数据管理要求高:由于零部件关联很多,所以对数据文件管理的要求非常高,如果管理不善,会导致数据丢失和关联断裂,从而造成设计混乱	新产品研发:在熟练掌握 Down — Top 技术的基础上,首先由零部件开始设计,逐步扩展到整机设计 系列产品设计:主产品定型后,对产品结构与参数传递进行优化。这样在系列产品设计中,通过修改参数就能自动完成大部分重复设计,从而提高设计效率

1.4　三维机械设计课程设计中应注意的若干问题

(1)装配体建模时,注意正确选择固定件,尽量降低关联设计的复杂程度。

(2)对于标准的零部件,如螺纹紧固件、键、销、轴承和齿轮、带轮等常用件,尽量调用软件中的 Toolbox 工具箱,根据设计要求选择或设定后,采用自下而上设计法,通过配合插入到装配体的三维模型中,可以提高三维设计速度。

（3）注意认真考虑装配体模型中基础零件在装配体中的摆放位置和显示方位。该零件的零件建模方位和尺寸设置样式将直接影响装配体三维模型的显示方位和尺寸设置样式。

（4）机械设计中，传统的设计过程是计算和绘图交叉进行、互为补充，即采用边画图、边计算、边修改的设计方法；三维设计是对未知尺寸的结构先进行初定，据此进行建模，通过零件之间的相互关系来对结构尺寸进行反复修改，三维设计和结构尺寸的修改交互进行，并且修改后自动更新；在装配体中绘制零件草图时，将各零部件向草图平面投影即可获得其正确的相对位置关系，这样做既提高了设计效率，又减少了绘制草图过程中出现的差错率。

（5）在关联设计中，在装配体中设计某个零件时，可以通过插入"新零件"进行零件建模，建模既可以通过编辑该零件特征或特征草图进行修改，也可以建模后单独对该零件进行编辑修改。在装配体结构没有完全确定之前，保存装配体时应选择"内部保存"保存虚拟零部件。

（6）机械设计也是继承与创新相结合的过程，根据设计任务的具体条件和要求，应善于查阅和分析相关的资料，在借鉴长期积累的设计经验基础上，进行符合客观实际的创新设计。

（7）机械设计中，零件的尺寸不仅仅是根据理论计算确定的，还应综合考虑零件的强度、刚度、结构、加工和装配工艺性、经济性、使用条件以及与其他零件的关系等方面的要求。有些结构尺寸如减速器箱体的某些结构尺寸是根据一些经验公式确定的，而有些零件的尺寸如轴的尺寸，则应根据设计原则先初步选定，通过绘图或建模确定，再进行校核计算。

（8）标准件的选择应参考国家标准，以便降低产品的制造成本。非标准件的一些尺寸应圆整为标准数（一般圆整成尾数为 0 或 5 mm）或优先数，如齿轮的中心距、齿宽、轮毂直径、轮辐厚度等应该圆整尺寸，以便制造和测量。但具有严格几何关系要求的尺寸，如齿轮的分度圆直径、齿顶圆直径和齿根圆直径等不能圆整。这类长度尺寸一般精确到小数点后 2～3 位，角度尺寸精确到秒（″）。

（9）机械设计图样应符合国家标准规范。

1.5 减速器三维设计的步骤

减速器三维设计框图如图 1.21 所示。

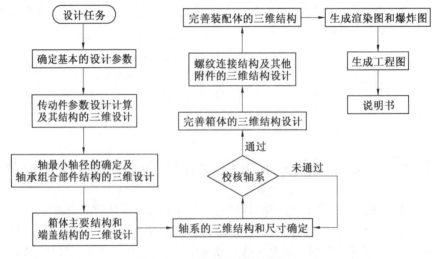

图 1.21 减速器三维设计框图

1.6 减速器三维设计的技巧

(1)装配体建模过程中,采用在装配体中直接绘制"新零件"的方式,通过向草图平面投影,可以完成多个相互关联的零件的特征设计,每个零件的建模应先创建主体结构模型后进行其附加特征建模。

在装配体三维建模设计中,先根据零件的功能和设计要求建立零件的主体结构模型,待其主要设计建模完成后再进行模型的细化。例如,机体和机盖的设计,可以通过在装配体中直接添加"新零件"的方式,按照零件模型间相对位置关系直接绘制草图,从而获得大部分箱体主体结构尺寸,而且这些尺寸不需要预先计算,只需要根据约束关系一步步确定,然后进行诸如凸缘、轴承座、肋板、吊耳、通气孔、放油孔、各种孔、倒角、倒圆角等附加特征的建模。

(2)装配体建模过程中,生成关联零件时,其草图可采用"转换实体引用"。

例如,机盖凸缘的形状及其上螺栓连接孔、销孔的分布情况应与机体凸缘的形状及其上螺栓连接孔、销孔的分布完全一致。在装配体中生成机盖零件时,机盖凸缘的零件草图绘制,可以使用"转换实体引用"和"等距实体"等草图绘制工具,参考机体凸缘几何体的建模。这种参考将确保在更改机体凸缘的尺寸时,机盖凸缘的尺寸也随之更改。使用同样的方法可以生成窥视孔防渗垫片和窥视孔盖等零件的建模,它取决于机盖上窥视孔凸台的尺寸。拉伸草图,即可形成相关联的结构。

(3)轴、套、轮、盘类回转体零件建模时,绘制出旋转截面草图,利用旋转特征建模比较方便,且便于修改。

主要结构是回转体的零件,如轴、轴承端盖、套筒、挡油板、甩油板、垫片等零件的建模,较适合使用"旋转特征"生成零件,同时便于设计过程中的尺寸调节和修改。

(4)标准件的添加与装配。

绝大部分标准件,都可以在软件自带的标准件库中获得。如果没有所需要的标准零件,则可以自行建模,或者使用其他的库插件。标准件选取完成之后,便可以进行装配。

由于在装配体中标准件较多,为便于装配通常采用以下方法。

①先完成一组标准件的装配,然后使用镜像、阵列、按配合复制等功能,可以提高装配效率。

②将需要直接组合的标准件直接做成装配体,然后把这个辅助装配体添加到主装配体中。注意,这种操作可能会导致之后的工程图无法自动识别部分零件,所以装配好后,生成工程图时,可以解除其装配体状态,变成独立零件。但是,这样也可能会有一些装配错误隐患。

(5)多个孔孔位的设计和各种孔的建模采用统一的孔位草图,易保证孔位的一致性。

为了更好地保证机体和机盖的孔位一一对应、轴承端盖与机体和机盖连接孔位的定位一致性,可以在装配体中绘制草图,定位所有的点,然后每个相关的零件参考这个统一的装配体定位草图绘制各自的零件孔位草图,利用"异型孔向导"特征工具直接进行各种孔的建模。

第2章 传动装置的总体设计

传动装置的总体设计旨在根据设计要求确定传动方案、选择电动机型号、合理分配传动比、计算传动装置的运动和动力参数，为各级传动零件的计算和三维设计以及三维装配图的设计奠定基础。本书以两种传动方案为例，介绍其总体设计过程。

图 2.1、图 2.2 所示为带式运输机的传动方案一和方案二的传动装置简图，运输机方案的设计参数见表 2.1，要求分别设计一级蜗杆减速器和二级展开式齿轮减速器。

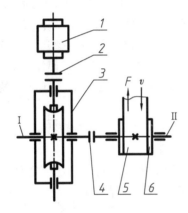

图 2.1　传动方案一的传动装置简图
1—电动机；2,4—联轴器；3——一级蜗杆减速器（方案一）；5—输送带；6—传动滚筒

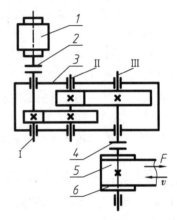

图 2.2　传动方案二的传动装置简图
1—电动机；2,4—联轴器；3—二级展开式齿轮减速器（方案二）；5—输送带；6—传动滚筒

表 2.1　运输机方案的设计参数

方　案	输送带初拉力 F/N	卷筒直径 d/mm	带速 v/(m·s^{-1})	机器产量	工作环境	载荷特性	最短工作年限
方案一	2 100	250	0.63	大批量	清洁	平稳	五年二班
方案二	1 980	250	1.0	大批量	清洁	微振	五年二班

2.1　传动方案一的总体设计

2.1.1　选择电动机类型

按工作要求和工作条件选择 YB 系列三相鼠笼型异步电动机，其结构为全封闭自扇冷式结构，电压为 380 V。

2.1.2　选择电动机的功率

工作机的有效功率为

$$P_W = \frac{Fv}{1\,000} = \frac{2\,100 \times 0.63}{1\,000} = 1.323(\text{kW})$$

从电动机到工作机输送带间的总效率为

$$\eta_\Sigma = \eta_1^2 \eta_2^2 \eta_3 \eta_4$$

式中　η_1——联轴器的传动效率；

　　　η_2——蜗轮轴滚动轴承的传动效率；

　　　η_3——蜗杆传动的传动效率；

　　　η_4——卷筒的传动效率。

由参考文献[1]表 9.1 可知，$\eta_1 = 0.99$，$\eta_2 = 0.98$，$\eta_3 = 0.75$，$\eta_4 = 0.96$，则

$$\eta_\Sigma = \eta_1^2 \eta_2^2 \eta_3 \eta_4 = 0.99^2 \times 0.98^2 \times 0.75 \times 0.96 = 0.678$$

所以电动机所需的工作功率为

$$P_d = \frac{P_W}{\eta_\Sigma} = \frac{1.323}{0.678} = 1.951(\text{kW})$$

2.1.3　确定电动机转速

工作机卷筒的转速为

$$n_W = \frac{60 \times 1\,000 v}{\pi d} = \frac{60 \times 1\,000 \times 0.63}{3.14 \times 250} = 48.153\,(\text{r/min})$$

为了便于计算取 $n_W = 50\ \text{r/min}$。

在蜗杆传动设计时，为了避免蜗轮根切或尺寸过大，蜗轮的齿数选择为 28～80，为了提高传动效率，蜗杆的头数一般应大于等于 2，本设计中取 $z_1 = 2$，电动机转速可选的范围为 $n_d = i_\Sigma \times n_W = (10 \sim 40) \times 50 = (500 \sim 2\,000)\,(\text{r/min})$，符合这一范围的同步转速为 500 r/min、1 000 r/min 和 1 500 r/min。综合考虑电动机和传动装置的尺寸、质量及价格等因素，为使传动装置结构紧凑，选用同步转速为 1 000 r/min 的电动机。

根据电动机的类型、功率和转速，由参考文献[1]表 14.1 可知，选定电动机的型号为 Y112M－6，其主要性能参数见表 2.2，电动机的主要外形尺寸和安装尺寸见表 2.3。

表 2.2　Y112M－6 型电动机的主要性能参数

额定功率/kW	满载转速/(r · min^{-1})	启动转矩/额定转矩	最大转矩/额定转矩
2.2	940	2.0	2.0

表 2.3　Y112M－6 型电动机的主要外形尺寸和安装尺寸　　　　　　　　　mm

中心高 H	外形尺寸 $L_1 \times (AC/2 + AD) \times HD$	底脚安装尺寸 $A \times B$	底脚螺栓直径 K	轴伸尺寸 $D \times E$	键连接部分尺寸 $F \times GD$
112	400×(115+190)×265	190×140	12	28×60	8×7

2.1.4 计算传动装置的传动比

总传动比为

$$i = i_{\Sigma} = \frac{n_{\mathrm{m}}}{n_{\mathrm{w}}} = \frac{940}{50} = 18.8$$

2.1.5 计算传动装置各轴的运动参数与动力参数

(1)各轴的转速。

Ⅰ轴　　$n_{\mathrm{m}} = n_1 = 940(\mathrm{r/min})$

Ⅱ轴　　$n_2 = \dfrac{n_1}{i} = \dfrac{940}{18.8} = 50(\mathrm{r/min})$

卷筒轴　　$n_{\mathrm{w}} = n_2 = 50(\mathrm{r/min})$

(2)各轴的输入功率。

Ⅰ轴　　$P_1 = P_{\mathrm{d}}\eta_1 = 1.931(\mathrm{kW})$

Ⅱ轴　　$P_2 = P_1 \eta_2 \eta_3 = 1.420(\mathrm{kW})$

卷筒轴　　$P_3 = P_2 \eta_1 \eta_2 = 1.377(\mathrm{kW})$

(3)各轴的输入转矩。

电动机的输出转矩 T_{d} 为

$$T_{\mathrm{d}} = 9\,550 \times \frac{P_{\mathrm{d}}}{n_{\mathrm{m}}} = 9\,550 \times \frac{1.951}{940} = 19.82\,(\mathrm{N \cdot m})$$

Ⅰ轴　　$T_1 = T_{\mathrm{d}}\eta_1 = 19.62\,(\mathrm{N \cdot m})$

Ⅱ轴　　$T_2 = T_1 \eta_2 \eta_3 i = 271.2\,(\mathrm{N \cdot m})$

卷筒轴　　$T_{\mathrm{w}} = T_2 \eta_1 \eta_2 = 263.1\,(\mathrm{N \cdot m})$

方案一减速器的运动和动力参数见表 2.4。

表 2.4　方案一减速器的运动和动力参数

轴	电动机轴	Ⅰ轴	Ⅱ轴	卷筒轴
功率 P /kW	1.951	1.931	1.420	1.377
转矩 T /(N·m)	19.82	19.62	271.2	263.1
转速 n /(r·min^{-1})	940	940	50	50

2.2　传动方案二的总体设计

由图 2.1 所示的传动方案可知,齿轮相对于轴承不对称分布,故轴向载荷分布不均匀,要求轴有较大的刚度。

2.2.1 选择电动机类型

电动机分交流电动机和直流电动机两种。由于生产单位一般多采用三相交流电源,因此,无特殊要求时应选用三相交流电动机,其中以三相交流异步电动机应用最为广泛。所以选择使用三相交流异步电动机。

2.2.2　选择电动机的功率

工作机有效功率为

$$P_{\text{w}} = \frac{Fv}{1\,000} = \frac{1\,980 \times 1.0}{1\,000} = 1.98\ (\text{kW})$$

式中　F——输送带的初拉力,设计原始数据,$F = 1\,980$ N;

　　　v——输送带的带速,设计原始数据,$v = 1.0$ m/s。

从电动机到工作机的总效率

$$\eta_{\Sigma} = \eta_1^2 \eta_2^4 \eta_3^2 \eta_4 = 0.99^2 \times 0.99^4 \times 0.97^2 \times 0.96 = 0.850\,4$$

式中　η_1——弹性联轴器传动效率,由参考文献[1]表 9.1,$\eta_1 = 0.99$;

　　　η_2——轴承传动效率,由参考文献[1]表 9.1,$\eta_2 = 0.99$;

　　　η_3——齿轮啮合效率,由参考文献[1]表 9.1,$\eta_3 = 0.97$;

　　　η_4——卷筒传动效率,由参考文献[1]表 9.1,$\eta_4 = 0.96$。

故可得所需电动机功率为

$$P_{\text{d}} = \frac{P_{\text{w}}}{\eta_{\Sigma}} = \frac{1.98}{0.850\,4} = 2.328\ (\text{kW})$$

2.2.3　确定电动机转速

工作机卷筒的转速为

$$n_{\text{w}} = \frac{60 \times 1\,000v}{\pi d} = \frac{60 \times 1\,000 \times 1}{\pi \times 250} = 76.39\ (\text{r/min})$$

由参考文献[1]表 9.2,两级齿轮传动 $i_1 i_2 = 8 \sim 40$,由此得电动机转速范围为

$$n_{\text{d}} = i_1 i_2 n_{\text{w}} = (8 \sim 40) \times 76.39 = (611.12 \sim 3\,055.6)(\text{r/min})$$

符合这一范围的同步转速为 750 r/min、1 000 r/min、1 500 r/min 和 3 000 r/min 四种。综合考虑电动机和传动装置的尺寸、质量及价格等因素,为使传动装置结构紧凑,决定选用同步转速为 1 500 r/min 的电动机。

根据电动机的类型、功率和转速,由参考文献[1]表 14.1,选定电动机型号为 Y100L2-4,其主要性能参数见表 2.5,电动机主要外形尺寸及安装尺寸见表 2.6。

表 2.5　Y100L2-4 型电动机的主要性能参数

额定功率/kW	同步转速/(r · min^{-1})	满载转速/(r · min^{-1})	$\dfrac{\text{启动转矩}}{\text{额定转矩}}$	$\dfrac{\text{最大转矩}}{\text{额定转矩}}$
3	1 500	1 420	2.2	2.2

表 2.6　Y100L2-4 型电动机的主要外形尺寸和安装尺寸　　　　　　　　mm

H	A	B	C	D	E	$F \times GD$	G
100	160	140	63	28	60	8×7	24

b	b_1	b_2	h	AA	BB	HA	L_1	K
205	180	105	245	40	176	14	380	12

2.2.4 确定传动装置的传动比

(1)总传动比。

由选定电动机满载转速 n_m 和工作机主动轴转速 n_w 可得传动装置总传动比为

$$i_\Sigma = \frac{n_m}{n_w} = \frac{1\ 420}{76.39} = 18.589$$

(2)分配传动比。

$$i_\Sigma = i_1 i_2$$

式中 i_1, i_2——一级、二级齿轮传动比,取 $i_1 = 1.4\ i_2$。

高速级传动比为

$$i_1 = 5.101$$

低速级传动比为

$$i_2 = \frac{i_\Sigma}{i_1} = 3.644$$

2.2.5 计算传动装置各轴的运动参数和动力参数

(1)各轴的转速。

Ⅰ轴:$n_1 = n_m = 1\ 420(r/min)$

Ⅱ轴:$n_2 = \dfrac{n_1}{i_1} = \dfrac{1\ 420}{5.101} = 278.38(r/min)$

Ⅲ轴:$n_3 = \dfrac{n_2}{i_2} = \dfrac{278.38}{3.644} = 76.39(r/min)$

卷筒轴:$n_w = n_3 = 76.39(r/min)$

(2)各轴的输入功率。

Ⅰ轴:$P_1 = P_d \times \eta_1 = 2.328 \times 0.99 = 2.305(kW)$

Ⅱ轴:$P_2 = P_1 \times \eta_2 \times \eta_3 = 2.305 \times 0.99 \times 0.97 = 2.213(kW)$

Ⅲ轴:$P_3 = P_2 \times \eta_2 \times \eta_3 = 2.213 \times 0.99 \times 0.97 = 2.125(kW)$

卷筒轴:$P_w = P_3 \times \eta_2 \times \eta_1 = 2.125 \times 0.99 \times 0.99 = 2.083(kW)$

(3)各轴的输入转矩。

电动机轴:$T_d = 9.55 \times 10^6 \times \dfrac{P_d}{n_m} = 9.55 \times 10^6 \times \dfrac{2.328}{1\ 420} = 15\ 656.62(N \cdot mm) = 15.657\ (N \cdot m)$

Ⅰ轴:$T_1 = T_d \times \eta_1 = 15.657 \times 0.99 = 15.5(N \cdot m)$

Ⅱ轴:$T_2 = T_1 \times i_1 \times \eta_2 \times \eta_3 = 15.5 \times 5.101 \times 0.99 \times 0.97 = 75.927(N \cdot m)$

Ⅲ轴:$T_3 = T_2 \times i_2 \times \eta_2 \times \eta_3 = 75.927 \times 3.644 \times 0.99 \times 0.97 = 266(N \cdot m)$

卷筒轴:$T_w = T_3 \times \eta_2 \times \eta_1 = 266 \times 0.99 \times 0.99 = 261(N \cdot m)$

方案二减速器的运动和动力参数见表 2.7。

表 2.7　方案二减速器的运动和动力参数

轴	电动机轴	Ⅰ轴	Ⅱ轴	Ⅲ轴	卷筒轴
功率 P /kW	2.328	2.305	2.213	2.125	2.08
转矩 T /(N · m)	15.657	15.5	75.927	266	261
转速 n /(r · min^{-1})	1 420	1 420	278.38	76.39	76.39

第**3**章　减速器的结构及主要结构的设计原则

在进行减速器具体设计之前,需要了解减速器的常见结构、传动特点及各部分结构的作用,掌握主要结构的设计原则。

3.1　减速器的典型结构

图 3.1、图 3.2、图 3.3 分别为二级圆柱齿轮减速器、二级圆锥－圆柱齿轮减速器和一级圆柱蜗杆减速器的典型结构。

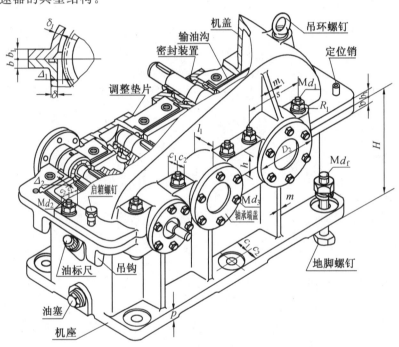

图 3.1　二级圆柱齿轮减速器的典型结构

图 3.1 所示的二级圆柱齿轮减速器结构简单,应用广泛。它的传动比变化范围大,一般为 8～40,具有承载能力高、传动比恒定、外廓尺寸小、工作可靠、效率高、寿命长的优点。但其制造安装精度要求高,噪声较大,成本较高。其齿形可选择斜齿、直齿或人字齿。通常二级传动可选择直齿、斜齿或二者组合传动。当选择斜齿圆柱齿轮传动时,其传动平稳性优于直齿轮传动。如果选择直齿轮和斜齿轮组合传动,则需将斜齿轮传动布置在高速级,可减小噪声,改善传动平稳性。二级圆柱齿轮减速器最常见的布置形式为图 3.1 所示的展开式。这种布置方案轴向尺寸小,径向尺寸大,由于齿轮相对于轴承不对称布置,因而沿齿向载荷分布不均匀,要求轴有较大的刚度。除此以外,还有同轴式和分流式两种。同轴式减速器径

向尺寸较小,但轴向尺寸较大,中间轴较长,刚度较差,但两级大齿轮直径接近,有利于浸油润滑。而分流式传动方案的齿轮相对于轴承对称布置,常用于传递较大功率,变载荷场合。

图 3.2 所示的二级圆锥—圆柱齿轮减速器一般只用于需要改变轴的布置方向的场合。其传动比范围可达 10~25。这种传动方式的减速器具有普通圆柱齿轮传动的优点,但应注意的是圆锥齿轮,特别是大直径、大模数圆锥齿轮加工较困难,所以这种组合方案应将圆锥齿轮传动布置在高速级,并限制其传动比,以便减小其直径和模数,便于加工制造。

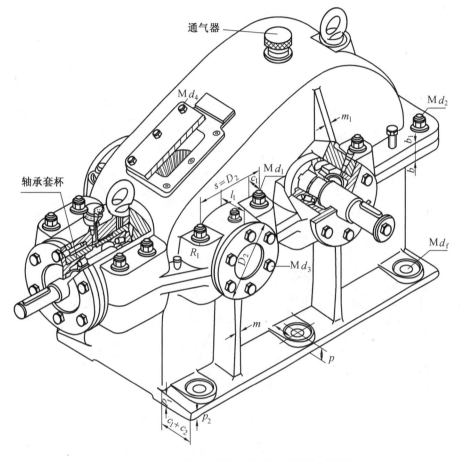

图 3.2　二级圆锥—圆柱齿轮减速器的典型结构

图 3.3 所示的一级圆柱蜗杆减速器的特点是减速器尺寸结构紧凑,应用较广泛,但其传动效率较低,适用于空间交错轴方向布置、中小功率间歇运转的场合。它的传动比变化范围大,一般可达 15~60,具有传动平稳、噪声小的优点。因其传动效率低,发热大,需要进行热平衡计算。此外,这种传动形式制造精度要求高,成本较高。一级圆柱蜗杆减速器最常见的布置形式为图 3.3 所示的蜗杆下置式,这种形式适用于蜗杆圆周速度 $v \leqslant 4\sim5$ m/s 时的工作情况;如果蜗杆圆周速度较高,当 $v > 4\sim5$ m/s 时,宜选择蜗杆上置式,采用循环供油润滑方式。有时为了传动需要,也可将蜗轮轴垂直布置,即立轴式布置,这种情况对减速器密封性能要求较高。设计时可以根据需要选择。

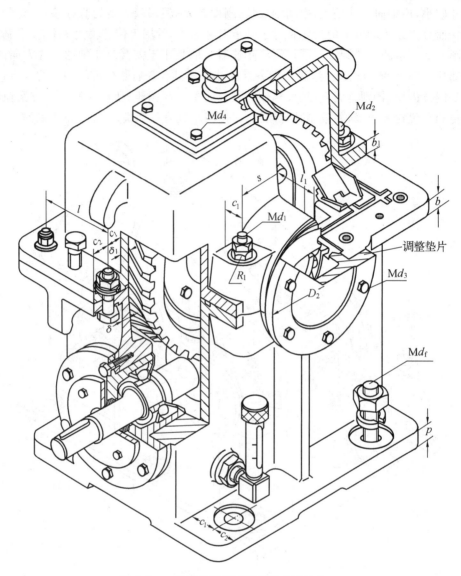

图 3.3　一级圆柱蜗杆减速器的典型结构

在传动装置设计中,当布置传动顺序时还应考虑一些问题,带传动的承载能力较小,传递相同转矩时,结构尺寸较其他传动形式大,但传动平稳,能缓冲吸振,因此宜布置在高速级。链传动运转不均匀,有冲击,不宜用于高速传动,应布置在低速级。蜗杆传动可以实现较大的传动比,但其效率较低,当与齿轮传动组合设计时,其布置顺序与蜗轮的选材及失效形式有关,当胶合失效为主时,宜布置在低速级,反之可布置在高速级。

3.2　减速器典型结构设计的经验值

铸铁减速器机体结构尺寸设计经验值见表 3.1,连接螺栓扳手空间 c_1、c_2 值和沉头孔直径表见表 3.2。

表 3.1　铸铁减速器机体结构尺寸设计经验值　　　　　　　　　　　　mm

名　称	符号	减速器形式及尺寸关系		
		齿轮减速器	圆锥齿轮减速器	蜗杆减速器
机座壁厚	δ	一级　$0.025a+1\geqslant 8$ 二级　$0.025a+3\geqslant 8$ 三级　$0.025a+5\geqslant 8$	$0.0125(d_{1m}+d_{2m})+1\geqslant 8$ 或 $0.01(d_1+d_2)+1\geqslant 8$ d_1、d_2—小、大圆锥齿轮的大端直径 d_{1m}、d_{2m}—小、大圆锥齿轮的 平均直径	$0.04a+3\geqslant 8$
		考虑铸造工艺,所有壁厚 $\delta\geqslant 8$		
机盖壁厚	δ_1	一级　$0.02a+1\geqslant 8$ 二级　$0.02a+3\geqslant 8$ 三级　$0.02a+5\geqslant 8$	$0.01(d_{1m}+d_{2m})+1\geqslant 8$ 或 $0.0085(d_1+d_2)+1\geqslant 8$	蜗杆在上:$\approx\delta$ 蜗杆在下: $=0.85\delta\geqslant 8$
机座凸缘厚度	b	1.5δ		
机盖凸缘厚度	b_1	$1.5\delta_1$		
机座底凸缘厚度	p	2.5δ		
地脚螺钉直径	d_f	$0.036a+12$	$0.018(d_{1m}+d_{2m})+1\geqslant 12$ 或 $0.015(d_1+d_2)+1\geqslant 12$	$0.036a+12$
		通常取 M16 或 M20		
地脚螺钉数目	n	$a\leqslant 250$ 时, $n=4$ $250<a\leqslant 500$ 时, $n=6$ $a>500$ 时, $n=8$	$n=\dfrac{\text{机座底凸缘周长的一半}}{200\sim 300}\geqslant 4$	4
轴承旁连接螺栓直径	d_1	$0.75d_f$(常取 M12)		
机盖与机座连接螺栓直径	d_2	$(0.5\sim 0.6)d_f$(常取 M10)		

续表 3.1   mm

名 称	符号	减速器形式及尺寸关系		
		齿轮减速器	圆锥齿轮减速器	蜗杆减速器
连接螺栓 d_2 的间距	l	150～200		
轴承端盖螺钉直径	d_3	$(0.4\sim0.5)d_f$（常取 M8）		
窥视孔盖螺钉直径	d_4	$(0.3\sim0.4)d_f$（常取 M6）		
定位销直径	d	$(0.7\sim0.8)d_2$（常取 $d=8$）		
d_f、d_1、d_2 至外机壁距离	c_1	见表 3.2（按螺栓公称直径查）		
d_f、d_2 至凸缘距离	c_2	见表 3.2（按螺栓公称直径查）		
轴承旁凸台半径	R_1	c_2		
凸台高度	H_t	根据低速级轴承座外径确定,以便于扳手操作为准		
外机壁至轴承座端面距离	L_w	$c_1+c_2+s_1$		
内机壁至轴承座端面距离	L	（即轴承座宽度）$\delta+c_1+c_2+s_1$		
铸造箱体与轴承端盖接触处凸台轴向尺寸	s_1	参考经验 5～10		
大齿轮顶圆（蜗轮外圆）与内机壁距离	Δ_1	$\geqslant 1.2\delta$		
齿轮（圆锥齿轮或蜗轮轮毂）端面与内机壁距离	Δ_2	$\geqslant \delta$		
机盖、机座肋厚	m_1,m	$m_1\approx0.85\delta_1$,$m\approx0.85\delta$		
轴承端盖外径	D_2	轴承座孔直径＋$(5\sim5.5)d_3$；对嵌入式端盖 $D_2=1.25D+10$,D—轴承外径		
轴承端盖凸缘厚度	e	$(1\sim1.2)d_3$		
轴承旁连接螺栓距离	s	尽量靠近,以 Md_1 和 Md_3 互不干涉为准,一般取 $s\approx D_2$		

注:多级传动时,a 取低速级中心距。对圆锥—圆柱齿轮减速器,按圆柱齿轮传动中心距取值

表 3.2   连接螺栓扳手空间 c_1、c_2 值和沉头孔直径表   mm

螺栓公称直径	M8	M10	M12	M16	M20	M24	M30
c_{1min}	13	16	18	22	26	34	40
c_{2min}	11	14	16	20	24	28	34
沉头孔直径	20	24	26	32	40	48	60

3.3　减速器各部分及附属零件的设计

1. 窥视孔和窥视孔盖

为了检查齿面接触斑点和齿侧间隙,了解传动件的啮合情况,并向机体内注入润滑油,应在减速器上部可以看到传动零件啮合的机体处设置窥视孔。窥视孔上有盖板,防止污物进入机体内和润滑油飞溅出来,盖板下应设置防渗漏垫片。盖板的材料可采用钢板、铸铁或有机玻璃。机盖上安装窥视孔盖的表面应进行刨削或铣削加工,故设计出 3～5 mm 的加工凸台,窥视孔及窥视孔盖如图 3.4 所示。窥视孔盖的材料和结构见表 3.3。窥视孔的大小至少应能伸进去手,以便操作。具体尺寸见参考文献[3]表 14-7,也可以自行设计。

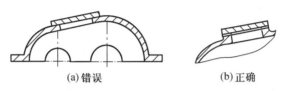

(a)错误　　　　　　　　(b)正确

图 3.4　窥视孔及窥视孔盖

表 3.3　窥视孔盖的材料和结构

材料	冲压薄钢板	钢板	铸铁(工艺性好)
结构	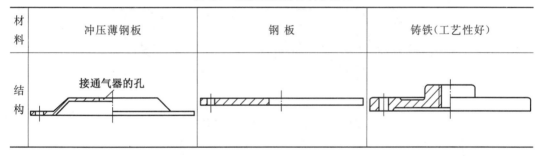		

2. 通气器

减速器运转时,摩擦发热使机体内温度升高,气压增大,导致润滑油从缝隙向外渗漏,使密封失灵。因此,多在机盖顶部或窥视孔盖上安装通气器,使机体内热涨气体自由逸出,达到机体内外气压相等,提高机体有缝隙处的密封性能。常用的通气器有通气螺塞和网式通气器两种结构形式。

清洁环境可选用简单的通气螺塞。多尘环境应选用带有过滤的网式通气器。通气器的结构形式和尺寸见参考文献[3]表 14-8～14-9。

3. 吊环螺钉、吊耳和吊钩

为了搬运或装拆机盖,应在机盖上设置吊环螺钉(图 3.1)或铸出吊环或吊钩。当减速器的质量较大,搬运机体或整个减速器时,只能使用机体上直接铸造出来的吊钩,不允许用机盖上的吊环螺钉或吊耳,以免损坏机盖和机体连接凸缘结合面的密封性。

吊环螺钉是标准件,其公称直径的大小按起重量根据参考文献[3]表 11-5 选取。采用吊环螺钉使机械加工工艺复杂。因此,常在机盖上直接铸出吊耳或吊钩(图 3.5),机座上直接铸出吊耳与吊钩(图 3.6),图中的尺寸可作为设计参考,也可以根据具体情况适当修改。

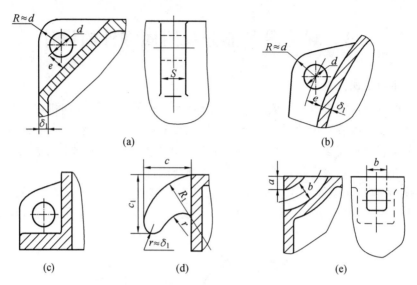

图 3.5 机盖上吊耳与吊钩的结构

$d=(2.5\sim3)\delta_1$；$S=2\delta_1$；$e=(0.8\sim1.0)d$；$c=(4\sim5)\delta_1$；$c_1=(1.3\sim1.5)c$；$a=(1.6\sim1.8)\delta_1$；
$b=(2.5\sim3)\delta_1$；$R_1=c_1$

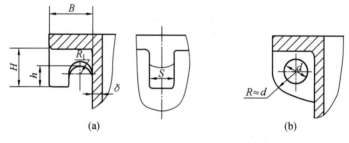

图 3.6 机座上吊耳与吊钩的结构

$d=3\delta$；$R_1=0.25B$；$S=2\delta$；$h=(0.5\sim0.6)H$；$H=(0.8\sim1.2)B$

4. 放油螺塞

减速器底部设有放油孔，更换油时，用于将污油全部排出，并进行箱内清洗，注油前用螺塞堵住。平时，放油孔用放油螺塞和封油圈堵严，以免漏油，封油圈可以选用石棉橡胶板或皮革制成。因此，应在机体底部油池最低位置开设放油孔。为了便于加工，放油孔处的机体外壁应设有凸台，经机械加工成为放油螺塞头部的支承面，放油螺塞带有细牙螺纹。具体尺寸见参考文献[3]表14－14，放油螺塞的装配结构如图3.7所示。

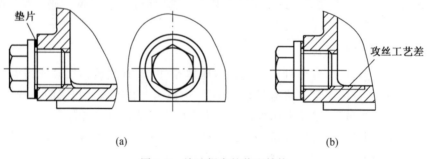

图 3.7 放油螺塞的装配结构

5. 油面指示器

油面指示器即油标,用来检查油面的高度,保证油池中有正常的油量。油标有各种结构类型,有的已定为国家标准。各种油面指示器的结构和尺寸见参考文献[3]表 14 - 10~ 14 - 13。油面指示器一般设置在箱体上便于观察、油面较稳定的部位。

常见形式有杆式油标、圆形油标、长形油标和管状油标等。长期连续工作的减速器可选用外面装有隔离套的油标尺,如图 3.8(a)所示,以便能在不停车的情况下随时检查油面。间断工作或允许停车检查油面的减速器可不设油标尺套(图 3.8(b))。

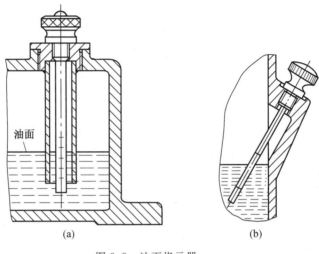

油面

(a)   (b)

图 3.8　油面指示器

杆式油标又称为油标尺,其结构简单,在减速器中应用较多。其上刻有最高和最低油面的刻度线。油面位置在这两个刻度线之间视为油量正常。

设计安装杆式油标的机体部分结构时,注意选择在机体上放置的部位及倾斜角度。在不与机体凸缘相干涉,并保证顺利拆装和加工的前提下,油标尺的设置位置应尽可能高一些。油标尺可以垂直插入油面,也可以倾斜插入油面,与水平面的夹角不得小于 45°。

6. 定位销

在剖分式机体中,为了保证轴承座孔的加工和装配精度,机盖和机体结合面加工好,再用螺栓连接后,在轴承座孔镗孔加工之前,在连接凸缘上应配装两个定位销,定位销可保证机盖的每次装配都使轴承座孔始终保持制造加工时的位置精度。两个定位销相距应尽量远些,常安置在机体纵向两侧的连接凸缘上,并呈非对称布置,加强定位效果。

采用圆锥销作为定位销,定位销的公称直径为小径,其值一般取 $d = (0.7 \sim 0.8) d_2$,d_2 为机盖和机体连接螺栓的直径,其长度应大于机盖和机体连接凸缘的总厚度,以利于装拆。圆锥销是标准件,设计时可参考国家标准选用。

7. 启盖螺钉

为了提高密封性能,减速器的机盖和机体的连接凸缘结合面上,常涂有水玻璃或密封胶。因此,结合面连接较紧,不易分开,为了便于拆下机盖,在机盖的凸缘上常装有 1~2 个启盖螺钉,启盖时,拧动此螺钉可将机盖顶起。

启盖螺钉的螺纹长度应大于机盖凸缘厚度,螺杆端部做成圆柱形、倒角或半圆形,以免顶坏螺纹。启盖螺钉的直径和长度可以与机盖和机体连接螺栓规格相同。机盖凸缘上安装启盖螺钉如图 3.9 所示。

在轴承端盖上也可以安装启盖螺钉,便于拆卸端盖。对于中高速轴上需做轴向调整的轴承套杯,如装上两个启盖螺钉,将便于调整。轴承端盖上安装启盖螺钉如图 3.10 所示。

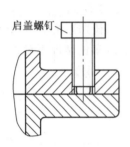 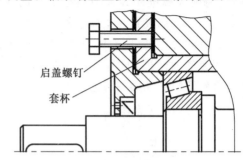

图 3.9　机盖凸缘上安装启盖螺钉　　　图 3.10　轴承端盖上安装启盖螺钉

在减速器附属零部件设计中,除考虑以上七种主要附件外,还应考虑调整垫片的使用和连接螺栓的间距设计。

(1)调整垫片。调整垫片由多片很薄的软金属制成(图 3.1、图 3.3),金属材料通常为 08F 浮腾钢,用以调整轴承间隙。有的垫片还要起调整传动零件(如蜗轮、圆锥齿轮等)轴向位置的作用,垫片总厚度视情况而定,一般在 1.2~2 mm 之间。

(2)连接螺栓的间距。为了保证密封性,凸缘连接螺栓之间的距离不宜过大,一般中型减速器间距为 100~150 mm,大型减速器可取间距为 150~200 mm。螺栓的布置尽量均匀对称,但应注意不要与吊耳、吊钩或定位销等干涉。

3.4　轴承的选择及润滑与密封方式的确定

3.4.1　滚动轴承的选择原则

在减速器设计中,通常选择滚动轴承支承转轴。一般直齿圆柱齿轮传动和斜齿圆柱齿轮传动可采用深沟球轴承(60000 类);若轴向力较大时,可采用角接触球轴承(70000 类)或圆锥滚子轴承(30000 类)。

3.4.2　润滑与密封方式的确定

1.润滑方式的选择

根据轴上传动件的速度,轴承可以采用润滑脂或润滑油润滑。当减速器内的浸油零件如齿轮的圆周速度 $v < 2$ m/s 时,油池中的润滑油飞溅不起来,宜采用润滑脂润滑;当浸油齿轮的圆周速度 $v \geq 2$ m/s 时,可以依靠齿轮转动时飞溅的润滑油直接润滑轴承,或引导飞溅在机体内壁上的油经机体剖分面上的油沟流到轴承处进行润滑,此时必须在端盖上开槽,轴承油润滑如图 3.11 所示。为防止装配时端盖上的槽没有对准油沟而将油路堵塞,可将端盖的端部直径取小些,使端盖在任何位置时,油都可以流入轴承(图 3.11)。轴承油润滑和脂润滑时的位置分别如图 3.12(a)、(b)所示。如采用润滑脂润滑轴承时(图 3.12(b)),应在轴承旁加挡油板,防止润滑油进入轴承,导致轴承中的润滑脂流失。

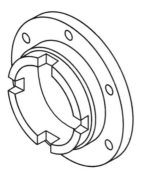
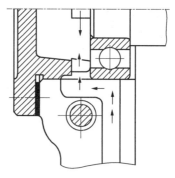

图 3.11　轴承油润滑

当轴承旁是斜齿轮,而且斜齿轮直径小于轴承外径时,因为斜齿有沿齿轮轴向排油的作用,会使过多的润滑油冲向轴承,尤其在高速时更为严重,会增加轴承阻力,所以应在轴承旁设置挡油板,挡油板的结构如图 3.13 所示。挡油板可用薄钢板冲压或用圆钢车制,也可以铸造成型。对于蜗杆减速器,当蜗杆在下方传动时,其蜗杆轴承旁也应采用这种挡油板。

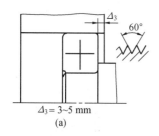
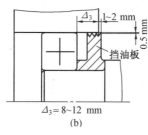
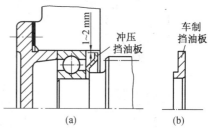

图 3.12　轴承油润滑和脂润滑时的位置　　　　　图 3.13　挡油板的结构

2. 密封方式的确定

在输入轴和输出轴的外伸处,都必须在端盖轴孔内安装密封件,防止润滑油外漏及灰尘水汽和其他杂质进入机体内。密封件多为标准件,其密封效果相差很大,应根据具体情况选用。常见密封装置的结构如图 3.14 所示,橡胶油封(图 3.14(a))效果较好,应用广泛,这种密封件装配方向不同,其密封效果也有差别,图 3.14(a)的装配方法,对左边密封效果较好。如采用两个橡胶油封相对放置,则效果更好。橡胶油封有两种结构,一种是油封内带有金属骨架如图 3.14(a),与孔配合安装,不需再轴向固定;另一种是没有金属骨架,这时需要有轴向固定装置。图 3.14(b)为毛毡封油圈,其密封效果较差,但结构简单,对润滑脂润滑也能可靠工作。上述两种密封均为接触式密封,要求轴表面光滑。图 3.14(c)、(d)为油沟和迷宫式密封结构,是非接触式密封,其优点是可用于高速,如果与其他密封形式配合使用,则可收到更好的效果。

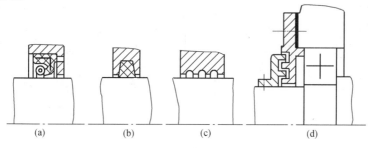

图 3.14　常见密封装置的结构

密封形式的选择,主要根据密封处轴表面的圆周速度、润滑方式、工作温度、周围环境等确定。各种密封适用的圆周速度见表 3.4。密封装置的结构设计如图 3.15 所示。

表 3.4　各种密封适用的圆周速度

密封形式	粗羊毛毡封油圈	半粗羊毛毡封油圈	航空用毡封油圈	橡胶油封	迷宫
圆周速度/(m·s^{-1})	<3	<5	<7	<8	<10

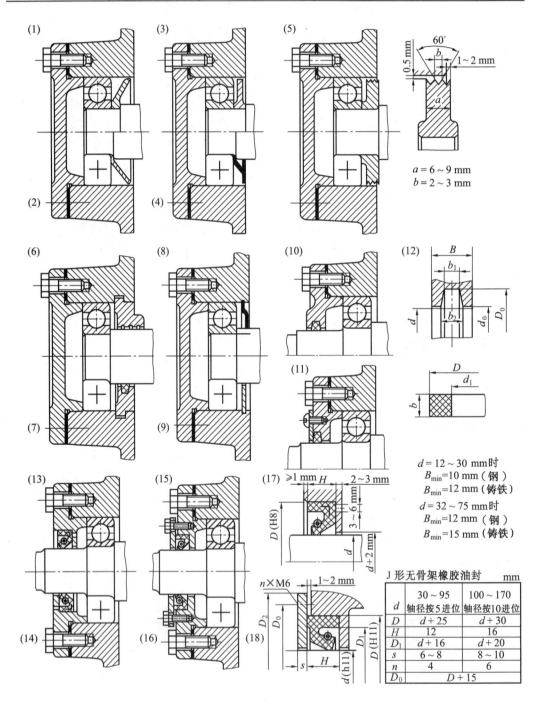

图 3.15　密封装置的结构设计

3. 机体中心高 H 和油面位置的确定

为了防止浸油传动件回转时将油池底部沉积的污物搅起,大齿轮的齿顶圆到油池底面的距离应不小于 30～50 mm。应保证齿轮浸入深度不小于 10 mm,此油面位置为最低油面,最高油面应比最低油面高出 10～15 mm,且齿轮浸入深度最多不超过齿轮半径的 1/4～1/3,以免搅油损失过大。油池深度和油面位置如图 3.16 所示。因此,设计应保证机体的中心高度 $H \geqslant 0.5d_a + (30 \sim 50)\text{mm}$,$d_a$ 为最大齿轮的齿顶圆直径,且 H 值应圆整。若 H 值与相连接的电动机中心高相近,最好取电动机的中心高作为减速器的中心高,使安装减速器和电动机的平台机架等高,简化平台机架的结构。若两者相差较大,则不能兼顾。圆锥齿轮的浸油深度取齿宽的 1/2 作为最低油面位置,浸油深度也不应小于 10 mm。

下置式蜗杆的浸油深度取一个齿高作为最低油面位置,但不应超过滚动轴承最低滚动体中心,最低油面以滚动体中心为准,蜗杆轴上应设计溅油盘装置,如图 3.17 所示。为了使机体油池有足够的储油量,下置式蜗杆减速器的中心高常取 $(0.8 \sim 1)a$,a 为传动中心距。

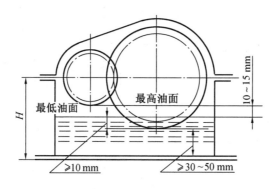

图 3.16   油池深度和油面位置

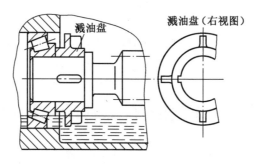

图 3.17   溅油盘装置

4. 油池容积储油量验算

机体中心高确定后,应验算油池容积储油量是否满足传递功率所需的油量。油池容积 V 应大于或等于传动的需油量 V_0。单级减速器每传递 1 kW 功率需油量为 0.35～0.7 L(大值用于黏度高的油品),多级减速器按级数成比例增加。若 $V < V_0$,应适当增大 H 值。

3.5 机座和机盖上回油沟和输油沟的结构设计原则

机座和机盖凸缘连接表面应精刨,表面粗糙度应不大于 $Ra\,6.3$,密封要求高的表面要经过刮研。装配时可涂一薄层密封胶,但不允许放任何垫片,以免影响轴承孔的精度。必要时可在凸缘上铣出回油沟,使渗入凸缘连接面上的油通过回油沟重新流回机体内部。回油沟和输油沟及其尺寸如图 3.18 所示。

当轴承利用机体内的油润滑时,可在剖分面的连接凸缘上做出输油沟使飞溅的润滑油沿机盖内壁经过输油沟通过轴承端盖的槽口进入轴承,如图 3.18(c)所示。图 3.19 为不同加工方法的油沟形式。

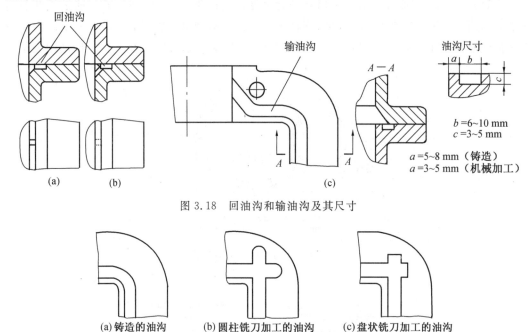

图 3.18 回油沟和输油沟及其尺寸

图 3.19 不同加工方法的油沟形式

3.6 减速器轴承组合部件的结构设计原则

减速器的轴承组合部件主要包括传动件、轴、滚动轴承、机体、润滑与密封装置等,它们组成一个相互联系的有机整体,在减速器中支承和固定传动件,完成运动和动力的传输。在进行轴承组合部件的结构设计时,主要应考虑轴承组合部件的轴向固定与调整,滚动轴承的配合与装拆,以及滚动轴承的润滑与密封。

1. 轴的设计原则

减速器轴的结构设计相关的尺寸符号如图 3.20 所示,图 3.20(a)、(b)为脂润滑,图 3.20(c)为油润滑轴上无挡油板,图 3.20(d)为油润滑轴上带有挡油板。轴的结构设计原则见表 3.5。

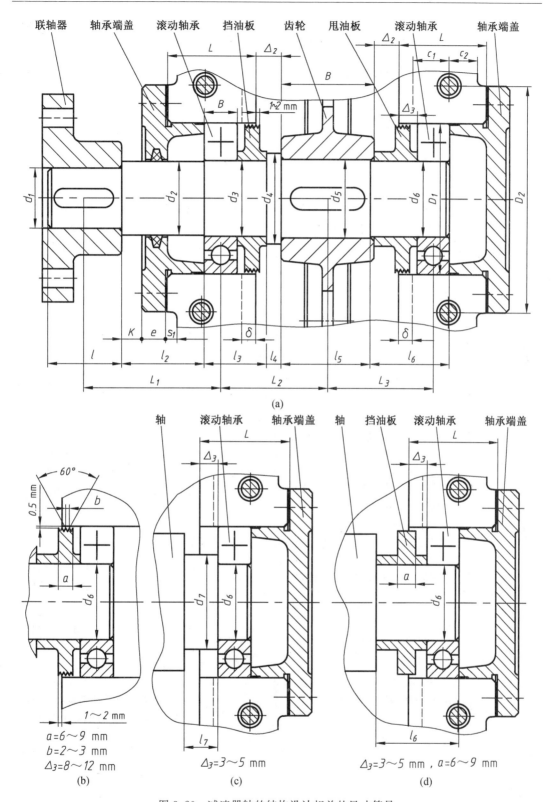

图 3.20　减速器轴的结构设计相关的尺寸符号

表 3.5 轴的结构设计原则

mm

径向尺寸	确定原则	轴向尺寸	确定原则
d_1	$d_1 \geqslant d_{\min}$，并根据联轴器尺寸确定	l_1	根据联轴器尺寸确定
d_2	用于联轴器轴向定位，兼顾密封圈的标准值，且便于轴承安装，$d_2 < d_3$，轴肩高 $h_1 = (0.07 \sim 0.1)\, d_1 \geqslant 2$	l_2	$l_2 \approx K + e + L - \Delta_3 - B$ B —轴承的轴向宽度
d_3	$d_3 = d_2 + (1 \sim 2)$，并满足轴承内径系列，且数值以 0 或 5 结尾	l_3	可初步选定，最后根据齿轮、箱体、轴承、挡油板或套筒、轴承端盖、联轴器的轴向位置确定后，通过作图或装配体三维建模后最终确定
d_4	便于齿轮轴向定位，轴肩高 $h_2 = (0.07 \sim 0.1)\, d_3$ 或 $h_2 \geqslant 2c$ c — 齿轮轮毂孔倒角尺寸	l_4	$l_4 = 1.4\, h_2$ 或 $8 \sim 10$
d_5	便于齿轮安装 $d_5 = d_6 + (1 \sim 2)$	l_5	由齿轮的设计计算确定 $l_5 = B_1 - (2 \sim 3)$ B_1 —齿轮的轮毂宽度
d_6	同一轴上的两轴承型号应相同，$d_6 = d_3$	l_6	可初步选定，最后根据齿轮、箱体、轴承、挡油板或套筒、轴承端盖、联轴器的轴向位置确定后，通过作图或装配体三维建模后确定
d_7	此段可以是轴肩或套筒，用于轴承轴向定位，轴肩高度应符合轴承拆卸尺寸，查轴承国标确定	l_7	
键槽的宽度 b、深度 t	根据轴的直径，查国家标准确定	键槽长 L_j	$L_j \approx 0.85l$ l —有键槽的轴段长度，查国标选取相近的标准长度，同时满足挤压强度要求
齿轮至箱体内壁的距离 Δ_2	便于运动避免干涉 $\Delta_2 = 10 \sim 15$	轴承端盖厚度 e	查机械设计图册"轴承端盖和密封装置结构"部分，$e = (1 \sim 1.2)d$ d —轴承端盖螺钉直径
轴承至箱体内壁的距离 Δ_3	取决于轴承的润滑方式 $\Delta_3 = \begin{cases} 3 \sim 5(轴承润滑油润滑) \\ 8 \sim 12(轴承润滑脂润滑) \end{cases}$	联轴器至轴承端盖的距离 K	当采用弹性套柱销联轴器，应查联轴器手册确定，并考虑动件与不动件间距大于 $10 \sim 15$ 确定
铸造箱体与轴承端盖接触处凸台轴向尺寸 s_1	参考经验 $s_1 = 5 \sim 10$	轴承座宽度 L	$L = \delta + c_1 + c_2 + s_1$ δ —箱体壁厚，参见表 3.1 c_1、c_2 —参见表 3.2

2. 甩油板的设计原则

当减速器设计的轴承采用脂润滑时,为了避免润滑油进入轴承,冲走润滑脂,需在靠近轴承的轴段设置甩油板,甩油板的设计尺寸如图 3.20(b)所示。

3. 挡油板的设计原则

当减速器中设计的齿轮为斜齿轮且其直径较小时,由于斜齿轮轴向力的作用,靠近斜齿轮一侧的轴承受到润滑油的冲击,不利于轴承寿命。因此,在靠近斜齿轮的轴段应设置挡油板,挡油板的设计尺寸可参考甩油板的尺寸设计。挡油板可以根据其作用设计成无齿的圆柱面,如图 3.20(d)所示。

4. 轴承端盖的设计原则

轴承端盖用以固定轴承、调整轴承间隙并承受轴向力。轴承端盖的结构形式有凸缘式和嵌入式两种。

凸缘式轴承端盖如图 3.20 所示,用螺钉与机体轴承座连接。调整轴承间隙比较方便,密封性能也好,应用较多。这种端盖多用铸铁铸造,设计时要注意考虑铸造工艺。

嵌入式轴承端盖如图 3.21 所示,结构简单,使机体外表比较光滑,能减少零件总数和减轻机体总质量,但密封性能较差,调整轴承间隙比较麻烦。需要打开机盖,放置调整垫片。只适合深沟球轴承和大批量生产时选用。如用圆锥滚子或角接触轴承,应在嵌入式端盖上增设调整螺钉,以便调整轴承间隙,如图 3.22 所示。

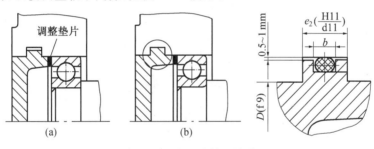

图 3.21　嵌入式轴承端盖

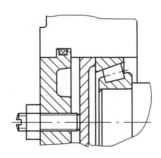

图 3.22　嵌入式端盖上增设调整螺钉

轴上的轴承初步选定后,轴承端盖的结构尺寸可以参考图 3.23 进行设计。

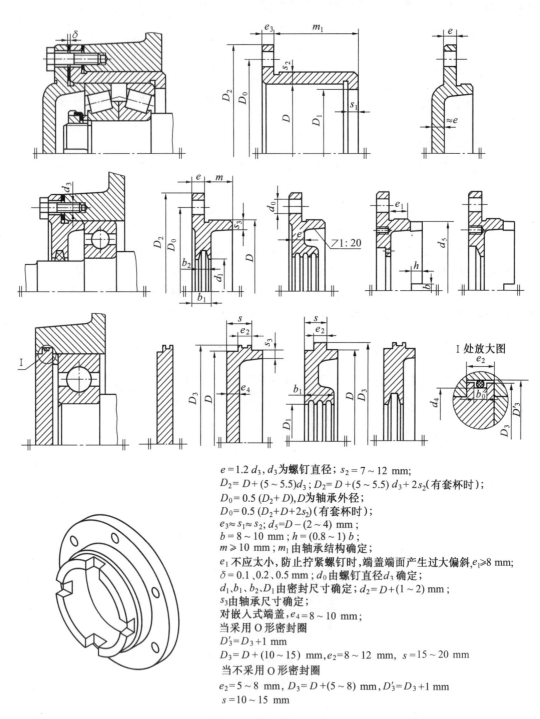

$e = 1.2\, d_3$，d_3为螺钉直径；$s_2 = 7 \sim 12$ mm；

$D_2 = D + (5 \sim 5.5)d_3$；$D_2 = D + (5 \sim 5.5)\, d_3 + 2s_2$(有套杯时)；

$D_0 = 0.5\,(D_2 + D)$，D为轴承外径；

$D_0 = 0.5\,(D_2 + D + 2s_2)$(有套杯时)；

$e_3 \approx s_1 \approx s_2$；$d_5 = D - (2 \sim 4)$ mm；

$b = 8 \sim 10$ mm；$h = (0.8 \sim 1)\, b$；

$m \geqslant 10$ mm；m_1由轴承结构确定；

e_1不应太小，防止拧紧螺钉时，端盖端面产生过大偏斜，$e_1 \geqslant 8$ mm；

$\delta = 0.1$、0.2、0.5 mm；d_0由螺钉直径d_3确定；

d_1、b_1、b_2、D_1由密封尺寸确定；$d_2 = D + (1 \sim 2)$ mm；

s_3由轴承尺寸确定；

对嵌入式端盖，$e_4 = 8 \sim 10$ mm；

当采用O形密封圈

$D_3' = D_3 + 1$ mm

$D_3 = D + (10 \sim 15)$ mm，$e_2 = 8 \sim 12$ mm，$s = 15 \sim 20$ mm

当不采用O形密封圈

$e_2 = 5 \sim 8$ mm，$D_3 = D + (5 \sim 8)$ mm，$D_3' = D_3 + 1$ mm

$s = 10 \sim 15$ mm

图 3.23　轴承端盖的结构

3.7　减速器机体的结构设计

　　减速器机体用于支承和固定轴系零件,是保证传动零件的啮合精度、良好润滑和密封的关键零件,其质量约占减速器总质量的 50%。因此,机体结构对减速器的工作性能、加工工艺、质量及成本等影响较大,设计时应全面考虑。

　　机体的材料常采用铸铁 HT200 或 HT150,为了提高机体强度,重型减速器也可以选择铸钢。

　　成批生产多选用铸造机体,质量较大。单件小批生产也可选用钢板焊接机体,焊接机体比铸造机体轻 1/4～1/2,机体壁厚为铸造机体的 0.7～0.8 倍。焊接机体生产周期短,焊接时易产生热变形,要求焊接技术较高并且在焊接后进行退火处理。

　　机体分为剖分式和整体式。剖分式机体的剖分面多选择传动件轴线所在的平面,一般为水平剖分面。图 3.1～3.3 即为剖分式机体。整体式机体加工量少、零件少、质量轻,但装配比较麻烦。图 3.24(a)为齿轮传动的整体式机体,图 3.24(b)为蜗杆传动的整体式机体。

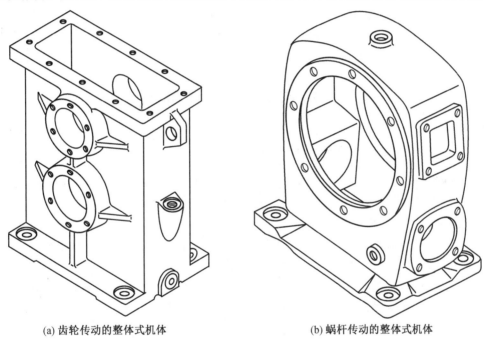

(a) 齿轮传动的整体式机体　　　　　　(b) 蜗杆传动的整体式机体

图 3.24　整体式机体

第4章 减速器传动件的三维设计

传动件是传动装置的核心零件,它直接决定传动装置的性能和结构尺寸。设计减速器应首先设计各级传动件,确定其尺寸、参数、材料和结构,然后再进行支承零件和连接零件(箱体)等设计。减速器是独立、完整的传动部件,为了使减速器设计的原始条件比较准确,通常应先设计减速器箱外的传动件。

减速器的箱外传动件主要指 V 带传动、滚子链传动和开式齿轮传动等。它们的设计应在减速器设计之前,其设计计算方法按教材所述,在此不再赘述。

减速器的内传动件主要包括圆柱齿轮、圆锥齿轮、蜗轮和蜗杆等。它们的设计应在减速器外传动件设计之后,按修正的参数进行。传动件多为盘形。轮缘部分由强度设计确定,轮毂尺寸由支承轴决定,其余部分依轮缘直径参考典型结构设计。这些问题在教材和设计手册中均有详细讲述,在此仅强调一些需要重视的问题。

4.1 减速器内传动件的设计

4.1.1 减速器内传动件的设计要点

(1)齿轮材料的强度特性与毛坯尺寸及制造方法有关。因此,选择材料时应考虑毛坯的制造方法。当齿轮直径 $d \leqslant 500$ mm 时,可采用锻造或铸造毛坯。若 $d > 500$ mm,受到锻造设备能力的限制,多采用铸造毛坯。

小齿轮若制成齿轮轴,则选材还应兼顾轴的要求。同一减速器中,各级小齿轮(或大齿轮)的材料应尽可能一致,以减少材料牌号和简化工艺要求。

(2)在各种圆柱齿轮强度计算中,有三种齿宽系数的定义: $\phi_d = b/d_1$; $\phi_a = b/a$; $\phi_m = b/m$。因为 d_1、a 和 m 之间有固定的几何关系,因此,若按其中之一取值,另外两个系数就已确定,不能随意另外取值。如选定 ϕ_d 之后, $\phi_a = 2\phi_d/(1+i)$, $\phi_m = z_1\phi_d$。圆锥齿轮计算中的 ϕ_R 和 ϕ_m 也同此理。

(3)齿轮强度计算中的齿宽 b 是工作(接触)齿宽。对于相啮合的一对齿轮来说是相同的。圆柱齿轮传动,考虑到装配时两齿轮可能产生的轴向位置误差,常取大齿轮齿宽 $b_2 = b$,而小齿轮齿宽 $b_1 = b + (5 \sim 10)$mm,以便装配时保证全齿宽接触。而圆锥齿轮传动,因为齿宽方向法向模数不同,为了使两齿轮能正确啮合,大小齿轮的齿宽必须相等。在齿轮的支承上也应有相应的调整两齿轮位置的结构,使两齿轮模数相等的大端能够对齐。

(4)传动件的尺寸,应正确处理强度计算与保证正确啮合的关系。根据处理方法不同可分为:①具有严格几何关系的啮合尺寸,如分度圆直径、齿顶圆直径、齿根圆直径等,这类尺寸应精确计算,长度尺寸精确到小数点后 2～3 位,角度准确到秒(");②需标准化的参数,如模数 m,蜗杆分度圆直径d_1 等必须取标准值;③ 中心距 a、齿宽 b、轮毂直径、宽度、轮辐厚度等结构尺寸应圆整,中心距 a 应尽量圆整为尾数为 0 或 5,以便制造和测量。

(5)蜗杆传动的特点是滑动速度大,蜗杆传动副的材料选择与滑动速度 v_s 有关,失效形式也不相同。

选择材料时,可用公式 $v_s = 5.2 \times 10^{-4} n_1 \sqrt[3]{T_2}$ (m/s)初估蜗杆传动副的滑动速度。式中,n_1 为蜗杆转速(r/min),T_2 为蜗轮转矩(N·m)。蜗杆传动尺寸确定之后,要校核实际滑动速度和传动效率,检查材料选择得是否合适,有关计算数据(如转矩等)是否需要修正。

蜗杆传动的中心距圆整后,为了保证 a、m、q、z_2 的几何啮合关系,有时需要对蜗杆传动进行变位,但应注意的是蜗杆尺寸保持不变,蜗轮的尺寸发生变位。

蜗杆上置或下置应根据蜗杆分度圆圆周速度 v_1 确定。$v_1 \leqslant (4 \sim 5)$ m/s 时,可以将蜗杆下置。

为了便于加工,蜗杆螺旋方向尽量取右旋。如需进行蜗杆轴的强度和刚度验算及传动的热平衡计算,则应在确定了蜗杆轴支点距离和箱体轮廓尺寸后进行。

4.1.2　方案一蜗轮蜗杆传动设计举例

1. 蜗轮和蜗杆材料的选择

由于输入功率不太大,转速也不是很高,所以蜗杆材料选用 45 钢,整体调质,表面淬火,齿面硬度 HBW220~250。对于蜗轮材料,初估蜗杆副的滑动速度 $v_s < 6$ m/s,故选择蜗轮的材料为铝铁青铜 ZCuAl10Fe3。

2. 蜗轮和蜗杆的设计模数

按疲劳强度设计,根据公式

$$m^2 d_1 \geqslant 9KT_2 \left(\frac{Z_E}{z_2 [\sigma_H]} \right)^2$$

式中　z_2——蜗轮的齿数;

　　　T——蜗轮的转矩,N·mm;

　　　Z_E——弹性系数,$\sqrt{\text{MPa}}$;

　　　d_1——蜗杆分度圆直径,mm;

　　　$[\sigma_H]$——蜗轮材料许用接触应力,MPa;

　　　K——载荷系数。

由于蜗轮的齿数在 28~80 之间,且考虑到减速器的尺寸,选取蜗杆头数 $z_1 = 2$,则蜗轮齿数 $z_2 = i z_1 = 18.8 \times 2 = 37.6$,取 $z_2 = 38$,故此时 $i = \frac{z_2}{z_1} = \frac{38}{2} = 19$,$|\frac{\Delta i}{i}| = |\frac{19 - 18.8}{18.8}| \times 100\% = 1.1\% < (3\% \sim 5\%)$,即传动比符合要求。

由参考文献[2]表 7.1 查得初选蜗杆传动的模数为 $m = 5$ mm,分度圆直径 $d_1 = 63$ mm。

由 $\tan \gamma = \frac{mz_1}{d_1} = \frac{5 \times 2}{63} = 0.159$,得 $\gamma = 9.02°$,$\gamma = \lambda$,因此

$$v_s = \frac{\pi d_1 n_1}{60 \times 1\,000 \times \cos \lambda} = \frac{3.14 \times 63 \times 940}{60 \times 1\,000 \times \cos 9.02°} = 3.13 \text{ (m/s)}$$

根据减速器的工作环境及载荷情况,由参考文献[2]表 7.4 查得使用系数 $K_A = 1.0$;假设蜗轮圆周速度 $v_2 < 3$ m/s,则动载系数 $K_v = 1.0$;因为工作平稳,故取齿向载荷分布系数

$K_\beta = 1.0$,所以 $K = K_A K_v K_\beta = 1.0 \times 1.0 \times 1.0 = 1.0$,对于青铜或铸铁蜗轮与钢质螺杆配对时弹性系数 $Z_E = 160\sqrt{\text{MPa}}$;由参考文献[2]表 7.6 查得蜗轮材料的许用接触应力 $[\sigma_H] = 180$ MPa,代入公式中得

$$m^2 d_1 \geqslant 9K T_2 \left(\frac{Z_E}{z_2 [\sigma_H]}\right)^2 = 9 \times 1.0 \times 2.71 \times 10^5 \times \left(\frac{160}{38 \times 180}\right)^2 = 1\,334.6\ (\text{mm}^3)$$

检验:$m^2 d_1 = 5^2 \times 63 = 1\,575\ \text{mm}^3 > 1\,334.6\ \text{mm}^3$,因此初选参数合格。

3. 验算蜗轮圆周速度 v_2、相对滑动速度 v_s 及传动效率 η

$$v_2 = \frac{\pi d_2 n_2}{60 \times 1\,000} = \frac{3.14 \times 5 \times 38 \times 50}{60 \times 1\,000} = 0.497\ (\text{m/s})$$

显然 $v_2 < 3$ m/s,与原假设相符,即 K 取值合适。由 $\tan\gamma = \frac{mz_1}{d_1} = \frac{5 \times 2}{63} = 0.159$,得 $\gamma = 9.02°$,所以

$$v_s = \frac{\pi d_1 n_1}{60 \times 1\,000 \times \cos\lambda} = \frac{3.14 \times 63 \times 940}{60 \times 1\,000 \times \cos 9.02°} = 3.13\ (\text{m/s})$$

显然 $v_s < 6$ m/s,与原假设相符,K_v 取值合理。由 $v_s = 3.13$ m/s,查参考文献[2]表 7.7,利用插值法得当量摩擦角 $\rho' = 2.35° = 2°21'$,所以

$$\eta = (0.95 \sim 0.96)\frac{\tan\gamma}{\tan(\lambda + \rho')} = (0.95 \sim 0.96) \times \frac{\tan 9.02}{\tan(9.02 + 2.35)} = 0.749 \sim 0.758$$

与原来初始值取值相符。

4. 计算蜗杆传动的主要几何尺寸

中心距 $a = (d_1 + d_2)/2 = \frac{63 + 190}{2} = 126.5(\text{mm})$,由于中心距一般以 0 或 5 结尾,因此取 $a' = 130$ mm,则蜗轮的变位系数 $x = \frac{a' - a}{m} = \frac{130 - 126.5}{5} = 0.7(\text{mm})$。蜗轮、蜗杆传动的主要几何尺寸见表 4.1。

表 4.1 蜗轮、蜗杆传动的主要几何尺寸　　　　　　　　　　　　　　　　mm

名称	符号	计算公式和数据			
		蜗杆	数据	蜗轮	数据
齿数	z	z_1	2	z_2	38
端面模数	m	5			
传动比	i	19			
齿顶高	h_a	$h_{a1} = m$	5	$h_{a2} = (1+x)m$	8.5
齿根高	h_f	$h_{f1} = 1.2m$	6	$h_{f2} = (1.2-x)m$	2.5
全齿高	h	$h_1 = 2.2m$	11	$h_2 = 2.2m$	11

续表 4.1　　　　　　　　　　　　　　　　　　　　　　　　　　　　　mm

名称	符号	计算公式和数据			
		蜗杆	数据	蜗轮	数据
分度圆直径	d	d_1	63	$d_2 = mz_2$	190
齿顶圆直径	d_a	$d_{a1} = d_1 + 2h_{a1}$	73	$d_{a2} = d_2 + 2h_{a2}$	207
齿根圆直径	d_f	$d_{f1} = d_1 - 2h_{f1}$	51	$d_{f2} = d_2 - 2h_{f2}$	185
蜗杆分度圆导程角	γ	$\gamma = \arctan(z_1 m / d_1)$	9.02°		
蜗轮分度圆螺旋角	β_2			$\beta_2 = \gamma$	9.02°
节圆直径	d'	$d_1' = d_1 + 2xm$	70	$d_2' = d_2$	190
传动中心距	a'	$a' = (d_1 + d_2 + 2xm)/2 = 130$			
蜗杆轴向齿距	p_{a1}	$p_{a1} = \pi m$	15.7		
蜗杆螺旋线导程	p_s	$p_s = z_1 p_{a1}$	31.4		
蜗杆螺旋部分长度	L	$L \geqslant (11 + 0.1z_2)m$	74，取 90		
蜗轮外圆直径	d_w			$d_w \leqslant d_{a2} + 1.5m$	214
蜗轮齿宽	b_2			$b_2 \leqslant 0.75 d_{a1}$	50
蜗轮轮缘宽度	l			$(1.2 \sim 1.8) d_z$ d_z —蜗轮安装孔 直径，初选 $d_z = 56$	90
齿根圆弧半径	R_1			$R_1 = d_{a1}/2 + 0.2m$	37.5
齿顶圆弧半径	R_2			$R_2 = d_{f1}/2 + 0.2m$	26.5
齿宽角	θ			$\sin \dfrac{\theta}{2} \approx \dfrac{b_2}{d_{a1} - 0.5m}$	90.34°

5. 选取精度等级和侧隙种类

该一级蜗杆传动为一般传动且 $v_s < 3$ m/s，故取 8 级精度，侧隙种类代号为 c，即精度等级为 $8c$ GB/T 10089—1988。

4.1.3 方案二齿轮传动设计举例

1. 齿轮材料、热处理方式及精度等级的选择

考虑到卷筒机为一般机械,且该齿轮传动为闭式传动,故小齿轮选用40Cr,调质,齿面硬度为 HBW241～286,平均硬度为 HBW265;大齿轮选用 40Cr,正火,齿面硬度为 HBW210～250,平均硬度为 HBW230。

取小齿轮 1 齿数 $z_1 = 27$,则 $z_2 = z_1 \times i_1 = 27 \times 5.101 = 137.73$,取 $z_2 = 138$。

取小齿轮 3 齿数 $z_3 = 27$,则 $z_4 = z_3 \times i_2 = 27 \times 3.644 = 98.388$,取 $z_4 = 98$。

所有齿轮均按 GB/T 10095—1998,选择 8 级精度。

2. 减速器传动参数的重新修订

根据实际设计的传动比 $i_1 = 5.111$,$i_2 = 3.63$,对表 2.7 中有关运动参数进行更新修正,减速器实际修正后运动和动力参数见表 4.2。

表 4.2 减速器实际修正后运动和动力参数

轴	电动机轴	I 轴	II 轴	III 轴	卷筒轴
功率 P/kW	2.328	2.305	2.213	2.125	2.08
转矩 T/(N·mm)	15 656.6	15 500	76 075.4	2.7×10^5	2.6×10^5
转速 n/(r·min^{-1})	1 420	1 420	277.83	76.54	76.54

3. 齿轮失效形式及设计准则的确定

由于是闭式软齿面齿轮传动,故齿轮的主要失效形式是齿面接触疲劳点蚀。需要按照齿面接触疲劳强度进行设计,再对齿根弯曲疲劳强度进行校核。

4. 高速级齿轮传动参数的确定

(1)高速级齿轮设计计算。

因为是软齿面闭式传动,故按齿面接触疲劳强度设计齿轮传动

$$d_{1t} \geqslant \sqrt[3]{\frac{2 K_t T_1}{\phi_d} \times \frac{u_1 + 1}{u_1} \times \left(\frac{Z_H Z_E Z_\varepsilon Z_\beta}{[\sigma_H]}\right)^2}$$

式中　T_1——齿轮1传递的转矩,$T_1 = 15\ 500$ N·mm。

设计时,因齿轮传动的线速度未知,K_v 不能确定,故可初选载荷系数 $K_t = 1.1 \sim 1.8$,本方案中初取 $K_t = 1.6$;由参考文献[2]表 6.6 取齿宽系数 $\phi_d = 0.9$;初选螺旋角 $\beta = 15°$;由参考文献[2]表 6.5 查得弹性系数 $Z_E = 189.8\sqrt{\text{MPa}}$;由参考文献[2]图 6.15 选取区域系数 $Z_H = 2.43$;齿数比 $u_1 = 5.111$。

由参考文献[2]式(6.1),端面重合度

$$\varepsilon_a = \left[1.88 - 3.2\left(\frac{1}{z_1} + \frac{1}{z_2}\right)\right]\cos \beta = \left[1.88 - 3.2\left(\frac{1}{27} + \frac{1}{138}\right)\right]\cos 15° = 1.68$$

由参考文献[2]式(6.2),轴面重合度

$$\varepsilon_\beta = 0.318 \times \phi_d \times z_1 \times \tan \beta = 0.318 \times 0.9 \times 27 \times \tan 15° = 2.07$$

由参考文献[2]图 6.16 查得重合度系数 $Z_\varepsilon = 0.69$。

由参考文献[2]图 6.26 查得螺旋角系数 $Z_\beta = 0.98$。

由参考文献[2]图 6.29(e)得接触疲劳极限应力 $\sigma_{\text{Hlim1}} = 725$ MPa，$\sigma_{\text{Hlim2}} = 675$ MPa。

齿轮 1 与齿轮 2 的应力循环次数分别为

$$N_1 = 60\, n_1 a L_{10\,h} = 60 \times 1\,420 \times 1 \times 2 \times 8 \times 5 \times 250 = 1.7 \times 10^9$$

$$N_2 = \frac{N_1}{u_1} = 1.7 \times 10^9 \div 5.111 = 3.33 \times 10^8$$

由参考文献[2]图 6.30 查得寿命系数 $Z_{N1} = 1.0$，$Z_{N2} = 1.1$。

由参考文献[2]表 6.7，取安全系数 $S_H = 1.0$，

$$[\sigma_H]_1 = \frac{Z_{N1}\, \sigma_{\text{Hlim1}}}{S_H} = 1.0 \times 725 \div 1.0 = 725\,(\text{MPa})$$

$$[\sigma_H]_2 = \frac{Z_{N2}\, \sigma_{\text{Hlim2}}}{S_H} = 1.1 \times 675 \div 1.0 = 743\,(\text{MPa})$$

故取
$$[\sigma_H] = [\sigma_H]_1 = 725\,(\text{MPa})$$

初算齿轮 1 的分度圆直径，得

$$d_{1t} \geqslant \sqrt[3]{\frac{2 K_t T_1}{\phi_d} \times \frac{u_1 + 1}{u_1} \times \left(\frac{Z_H Z_E Z_\varepsilon Z_\beta}{[\sigma_H]} \right)^2}$$

$$= \sqrt[3]{\frac{2 \times 1.6 \times 15\,500}{0.9} \times \frac{5.111 + 1}{5.111} \times \left(\frac{189.8 \times 2.43 \times 0.69 \times 0.98}{725} \right)^2}$$

$$= 23.02\,(\text{mm})$$

① 确定传动尺寸。

计算载荷系数 K

$$K = K_A K_v K_\beta K_\alpha = 1.35 \times 1.13 \times 1.16 \times 1.2 = 2.12$$

式中　K_A——使用系数。由参考文献[2]表 6.3，原动机和工作机工作特性均是轻微冲击，故取 $K_A = 1.35$；

　　　K_v——动载系数。分度圆上的速度为 $v = \dfrac{\pi d_{1t} n_1}{60 \times 1\,000} = \dfrac{\pi \times 23.02 \times 1\,420}{60 \times 1\,000} = 1.71\,(\text{m/s})$，故由参考文献[2]图 6.7 查得 $K_v = 1.13$；

　　　K_β——齿向载荷分布系数。由参考文献[2]图 6.12，因为小齿轮是非对称布置的，$\phi_d = 0.9$，轴刚性大，故查得齿向载荷分布系数 $K_\beta = 1.16$；

　　　K_α——齿间载荷分配系数。由参考文献[2]表 6.4，未经表面硬化的 8 级精度斜齿轮，取齿间载荷分配系数 $K_\alpha = 1.2$。

对 d_{1t} 进行修正，$d_1 = d_{1t} \sqrt[3]{K/K_t} = 23.02 \times \sqrt[3]{2.12/1.6} = 28.14\,(\text{mm})$

确定模数 m_n，$m_n = d_1 \cos \beta / z_1 = 28.14 \times \cos 15° / 27 = 1.0\,(\text{mm})$，取 $m_n = 1.25$ mm。

② 计算传动尺寸。

中心距

$$a = \frac{(z_1 + z_2) m_n}{2\cos \beta} = \frac{(27 + 138) \times 1.25}{2\cos 15°} = 106.76\,(\text{mm})，圆整为 a = 105\ \text{mm}。$$

螺旋角

$$\beta = \arccos \frac{m_n (z_1 + z_2)}{2a} = \arccos \left[\frac{1.25 \times (27 + 138)}{2 \times 105} \right] = 10.84°$$

因为其值与初选值有差别，需修正与 β 值有关的参数，经计算，修正后的 d_{1t} 值的变化很小，故不需要再次修正 m_n 与 a。

其他传动尺寸

$$d_1 = \frac{m_n z_1}{\cos \beta} = \frac{1.25 \times 27}{\cos 10.84°} = 34.363 \text{(mm)}$$

$$d_2 = \frac{m_n z_2}{\cos \beta} = \frac{1.25 \times 138}{\cos 10.84°} = 175.634 \text{(mm)}$$

$$b_2 = \phi_d d_1 = 0.9 \times 34.36 = 30.924 \text{(mm)}，取 b_2 = 30 \text{ mm}。$$

$$b_1 = b_2 + (5 \sim 10) = (35 \sim 40) \text{(mm)}，取 b_1 = 35 \text{ mm}。$$

(2)高速级齿轮校核计算。

高速级齿轮齿根弯曲疲劳强度校核

$$\sigma_F = \frac{2K T_1}{b m_n d_1} Y_F Y_S Y_\varepsilon Y_\beta \leqslant [\sigma_F]$$

式中　K、T_1、m_n、d_1 值同前；齿宽 $b = b_2 = 30 \text{ mm}$。

计算当量齿数

$$z_{v1} = \frac{z_1}{\cos^3 \beta} = \frac{27}{\cos^3 10.84°} = 28.5$$

$$z_{v2} = \frac{z_2}{\cos^3 \beta} = \frac{138}{\cos^3 10.84°} = 145.66$$

由参考文献[2]图 6.20 查得齿形系数 $Y_{F1} = 2.5$，$Y_{F2} = 2.15$。

由参考文献[2]图 6.21 查得应力修正系数 $Y_{S1} = 1.63$，$Y_{S2} = 1.87$。

由参考文献[2]图 6.22 查得重合度系数 $Y_\varepsilon = 0.71$。

由参考文献[2]图 6.28 查得螺旋角系数 $Y_\beta = 0.99$。

由参考文献[2]图 8.28 查得弯曲疲劳极限应力 $\sigma_{Flim1} = 305 \text{ MPa}$，$\sigma_{Flim2} = 290 \text{ MPa}$。

由参考文献[2]图 6.32 查得弯曲疲劳寿命系数 $Y_{N1} = 1.0$，$Y_{N2} = 1.0$。

由参考文献[2]表 6.7 查得弯曲疲劳安全系数 $S_F = 1.25$。

$$[\sigma_F]_1 = \frac{Y_{N1} \sigma_{Flim1}}{S_F} = \frac{1.0 \times 305}{1.25} = 244 \text{(MPa)}$$

$$[\sigma_F]_2 = \frac{Y_{N2} \sigma_{Flim2}}{S_F} = \frac{1.0 \times 290}{1.25} = 232 \text{(MPa)}$$

$$\sigma_{F1} = \frac{2K T_1}{b m_n d_1} Y_{F1} Y_{S1} Y_\varepsilon Y_\beta = \frac{2 \times 2.16 \times 15\,500}{30 \times 1.25 \times 34.363} \times 2.5 \times 1.63 \times 0.71 \times 0.99$$

$$= 148.84 \text{(MPa)} < [\sigma_F]_1$$

$$\sigma_{F2} = \frac{2K T_1}{b m_n d_1} Y_{F2} Y_{S2} Y_\varepsilon Y_\beta = \frac{2 \times 2.16 \times 15\,500}{30 \times 1.25 \times 34.363} \times 2.15 \times 1.87 \times 0.71 \times 0.99$$

$$= 146.85 \text{(MPa)} < [\sigma_F]_2$$

故满足齿根弯曲疲劳强度。

5. 低速级齿轮传动参数的确定

(1)低速级齿轮设计计算。

选择低速级齿轮材料、热处理方式和精度等级与高速级相同。因为是软齿面闭式传动，故按齿面接触疲劳强度设计齿轮传动

$$d_{3t} \geqslant \sqrt[3]{\frac{2K_t T_3}{\phi_d} \times \frac{u_2 + 1}{u_2} \times \left(\frac{Z_H Z_E Z_\varepsilon Z_\beta}{[\sigma_H]} \right)^2}$$

式中　T_3——齿轮 3 传递的转矩，$T_3 = 76\,075.4 \text{ N} \cdot \text{mm}$。

设计时,因齿轮传动的线速度未知,初取 $K_t=1.6$;由参考文献[2]表 6.6 取齿宽系数 $\phi_d=1$;初选螺旋角 $\beta=15°$;由参考文献[2]表 6.5 查得弹性系数 $Z_E=189.8\sqrt{MPa}$;由参考文献[2]图 6.15 选取区域系数 $Z_H=2.43$;齿数比 $u_2=3.63$。

由参考文献[2]式(6.1),端面重合度

$$\varepsilon_\alpha=\left[1.88-3.2\left(\frac{1}{z_3}+\frac{1}{z_4}\right)\right]\cos\beta=\left[1.88-3.2\left(\frac{1}{27}+\frac{1}{98}\right)\right]\cos 15°=1.67$$

由参考文献[2]式(6.2),轴面重合度

$$\varepsilon_\beta=0.318\times\phi_d\times z_3\times\tan\beta=0.318\times 1\times 27\times\tan 15°=2.30$$

由参考文献[2]图 6.16 查得重合度系数 $Z_\varepsilon=0.78$。

由参考文献[2]图 6.26 查得螺旋角系数 $Z_\beta=0.99$。

由参考文献[2]图 6.29(e)得接触疲劳极限应力 $\sigma_{Hlim3}=725$ MPa, $\sigma_{Hlim4}=675$ MPa。

小齿轮 3 与大齿轮 4 的应力循环次数分别为

$$N_3=60\,n_3 a L_{10h}=60\times 277.83\times 1\times 2\times 8\times 5\times 250=3.33\times 10^8$$

$$N_4=\frac{N_3}{u_2}=3.33\times 10^8\div 3.63=9.2\times 10^7$$

由参考文献[2]图 6.30 查得寿命系数 $Z_{N3}=1.1$, $Z_{N4}=1.2$。

由参考文献[2]表 6.7,取安全系数 $S_H=1.0$,

$$[\sigma_H]_3=\frac{Z_{N3}\,\sigma_{Hlim3}}{S_H}=1.1\times 725\div 1=798(MPa)$$

$$[\sigma_H]_4=\frac{Z_{N4}\,\sigma_{Hlim4}}{S_H}=1.2\times 675\div 1=810(MPa)$$

故取 $[\sigma_H]=[\sigma_H]_3=798$ MPa

初算小齿轮 3 的分度圆直径,得

$$d_{3t}\geqslant\sqrt[3]{\frac{2\,K_t\,T_3}{\phi_d}\times\frac{u_2+1}{u_2}\times\left(\frac{Z_H\,Z_E\,Z_\varepsilon\,Z_\beta}{[\sigma_H]}\right)^2}$$

$$=\sqrt[3]{\frac{2\times 1.6\times 76\,075.4}{1}\times\frac{3.63+1}{3.63}\times\left(\frac{189.8\times 2.43\times 0.78\times 0.99}{798}\right)^2}$$

$$=39.55(mm)$$

①确定传动尺寸。

计算载荷系数 K

$$K=K_A K_v K_\beta K_\alpha=1.35\times 1.0\times 1.18\times 1.2=1.912$$

式中　K_A——使用系数。由参考文献[2]表 6.3,原动机和工作机工作特性均是轻微冲击,故取 $K_A=1.35$;

　　　K_v——动载系数。分度圆上的速度为 $v=\frac{\pi\,d_{3t}\,n_3}{60\times 1\,000}=\frac{\pi\times 39.55\times 277.83}{60\times 1\,000}=$ 0.575(m/s),故由参考文献[2]图 6.7 查得 $K_v=1.0$;

　　　K_β——齿向载荷分布系数。由参考文献[2]图 6.12,因为齿轮 3 是非对称布置的,故查得齿向载荷分布系数 $K_\beta=1.18$;

　　　K_α——齿间载荷分配系数。由参考文献[2]表 6.4,未经表面硬化的 8 级精度斜齿轮,取齿间载荷分配系数 $K_\alpha=1.2$。

对 d_{3t} 进行修正, $d_3=d_{3t}\sqrt[3]{K/K_t}=39.55\times\sqrt[3]{1.912/1.6}=41.97(mm)$

确定模数 m_n，$m_n = \dfrac{d_3 \cos \beta}{z_3} = 41.97 \times \cos 15°/27 = 1.50 (\text{mm})$，取 $m_n = 2.0 \text{ mm}$。

②计算传动尺寸。

中心距

$$a = \frac{(z_3 + z_4) m_n}{2\cos 15°} = \frac{(27 + 98) \times 2.0}{2\cos 15°} = 129.41 (\text{mm})，圆整为 a = 130 \text{ mm}。$$

螺旋角

$$\beta = \arccos \frac{m_n (z_3 + z_4)}{2a} = \arccos \left[\frac{2.0 \times (27 + 98)}{2 \times 130} \right] = 15.94°$$

因为其值与初选值有差别，需修正与 β 值有关的参数，经计算，修正后的 d_{3t} 值变化很小，故不需修正 m_n 和 a，仍取 $m_n = 2 \text{ mm}$，$a = 130 \text{ mm}$。

其他传动尺寸

$$d_3 = \frac{m_n z_3}{\cos \beta} = \frac{2.0 \times 27}{\cos 15.94°} = 56.159 (\text{mm})$$

$$d_4 = \frac{m_n z_4}{\cos \beta} = \frac{2.0 \times 98}{\cos 15.94°} = 203.838 (\text{mm})$$

$$b_4 = \phi_d d_3 = 1.0 \times 56.159 = 56.16 (\text{mm})，取 b_4 = 55 \text{ mm}。$$

$$b_3 = b_4 + (5 \sim 10) = (60 \sim 65)(\text{mm})，取 b_3 = 60 \text{ mm}。$$

(2)低速级齿轮校核计算。

齿根弯曲疲劳强度校核条件为

$$\sigma_F = \frac{2K T_3}{b m_n d_3} Y_F Y_S Y_\varepsilon Y_\beta \leqslant [\sigma_F]$$

式中　K、T_3、m_n、d_3 值同前；齿宽 $b = b_4 = 55 \text{ mm}$。

计算当量齿数

$$z_{v3} = \frac{z_3}{\cos^3 \beta} = \frac{27}{\cos^3 15.94°} = 30.37$$

$$z_{v4} = \frac{z_4}{\cos^3 \beta} = \frac{98}{\cos^3 15.94°} = 110.23$$

由参考文献[2]图 6.20 查得齿形系数 $Y_{F3} = 2.53$，$Y_{F4} = 2.15$。

由参考文献[2]图 6.21 查得应力修正系数 $Y_{S3} = 1.61$，$Y_{S4} = 1.86$。

由参考文献[2]图 6.22 查得重合度系数 $Y_\varepsilon = 0.74$。

由参考文献[2]图 6.28 查得螺旋角系数 $Y_\beta = 0.88$。

由参考文献[2]图 6.29 查得弯曲疲劳极限应力 $\sigma_{Flim3} = 305 \text{ MPa}$，$\sigma_{Flim4} = 290 \text{ MPa}$。

由参考文献[2]图 6.32 查得弯曲疲劳寿命系数 $Y_{N1} = 1.0$，$Y_{N2} = 1.0$。

由参考文献[2]表 6.7 查得弯曲疲劳安全系数 $S_F = 1.25$。

$$[\sigma_F]_3 = \frac{Y_{N1} \sigma_{Flim3}}{S_F} = \frac{1.0 \times 305}{1.25} = 244 (\text{MPa})$$

$$[\sigma_F]_4 = \frac{Y_{N2} \sigma_{Flim4}}{S_F} = \frac{1.0 \times 290}{1.25} = 232 (\text{MPa})$$

$$\sigma_{F3} = \frac{2K T_3}{b m_n d_3} Y_{F3} Y_{S3} Y_\varepsilon Y_\beta = \frac{2 \times 1.912 \times 76\,075.4}{55 \times 2.0 \times 56.159} \times 2.53 \times 1.61 \times 0.74 \times 0.88$$

$$= 124.91 (\text{MPa}) < [\sigma_F]_3$$

$$\sigma_{F4} = \frac{2KT_3}{bm_n d_3} Y_{F4} Y_{S4} Y_\varepsilon Y_\beta = \frac{2 \times 1.912 \times 76\,075.4}{55 \times 2.0 \times 56.159} \times 2.15 \times 1.86 \times 0.74 \times 0.88$$

$$= 122.63(MPa) < [\sigma_F]_4$$

故满足齿根弯曲疲劳强度。

齿轮传动参数表见表 4.3。

表 4.3　齿轮传动参数表

序号	齿轮		模数 m_n /mm	齿数 z	分度圆直径 d /mm	齿宽 b /mm	螺旋角 β	旋向	中心距 a /mm
1	高速级 小齿轮	z_1	1.25	27	34.363	35	10°50′24″ (10.84°)	右	105
2	高速级 大齿轮	z_2		138	175.634	30		左	
3	低速级 小齿轮	z_3	2.0	27	56.159	60	15°56′24″ (15.94°)	左	130
4	低速级 大齿轮	z_4		98	203.838	55		右	

4.2　轴承的选择及其润滑与密封方式的确定

4.2.1　方案一轴承的选择及其润滑与密封方式的确定

1. 轴承的选择及其润滑设计

蜗杆轴的轴承选择：考虑到蜗杆传动有轴向力，轴承类型选用圆锥滚子轴承，当轴向力较小时，也可选择角接触球轴承。

为了便于利用箱体内润滑油润滑，蜗杆减速器通常将蜗杆设计为下置结构。由于蜗杆轴承外圈大于蜗杆顶圆，所以蜗杆轴轴承直接采用箱内润滑油浸油润滑，根据参考文献[4]中的图 8.11，选取黏度代号 220 蜗轮蜗杆油（SH/T 0094—1991）。

蜗轮轴的轴承选择：考虑到蜗杆传动有轴向力且蜗轮的转速较低，轴承类型选用圆锥滚子轴承。由于在蜗杆传动过程中蜗杆的搅油能力有限，因此，通常蜗轮轴轴承的润滑采用润滑脂润滑，填充量不超过轴承空间的 1/3，每隔半年更换一次润滑脂。

2. 密封方式的确定

在蜗杆轴轴承透盖端，为了防止油液渗出，选择密封圈为唇形密封圈（GB/T 13871.1—2007）。

在蜗轮轴轴承透盖端，采用毛毡密封圈密封，选择毡圈油封密封圈（FZ/T 92010—1991）。

3. 机座中心高 H

下置式蜗杆减速器的中心高常取 $(0.8\sim1)\,a$，a 为传动中心距。因此，$H=a=104\sim130$ mm。

4.2.2 方案二轴承的选择及其润滑与密封方式的确定

1. 轴承的选择及其润滑设计

由于本方案是斜齿轮传动，有轴向力产生，同时考虑到轴承的成本，因此，选择 6000 系列深沟球轴承。

为了方便计算，选取低速和高速级两个大齿轮的分度圆线速度作为润滑方式判定依据。高速级大齿轮分度圆线速度为

$$v_2 = \frac{\pi\,d_2\,n_2}{60\times1\,000} = \frac{\pi\times175.634\times277.83}{60\,000} = 2.55\;(\text{m/s})$$

低速级大齿轮分度圆线速度为

$$v_4 = \frac{\pi\,d_4\,n_3}{60\times1\,000} = \frac{\pi\times203.838\times76.54}{60\,000} = 0.816\;(\text{m/s})$$

可见，对于该展开式二级圆柱斜齿轮减速器，高速级浸油齿轮的齿顶圆上的线速度大于 2 m/s，由经验选取轴承润滑方式为箱体内润滑油润滑，采用铸造油沟。

2. 减速器的中心高和油面位置的确定

齿轮采用油润滑，齿轮润滑设计主要是确定润滑油类型和用量，需要根据减速器的中心高和油面高度确定。通常减速器的中心高应大于等于电动机的中心高。

主要依据中间轴大齿轮 2 确定，该齿轮的齿顶圆直径为

$$d_a = d + 2m = 175.634 + 2\times1.25 = 178.134\,(\text{mm})$$

则减速器的中心高 H 为

$$H \geqslant 0.5d_a + (30\sim50) = 0.5\times178.134 + (30\sim50) = 119.06\sim139.06\,(\text{mm})$$

方案二选择的电动机中心高为 100 mm，与减速器机座的中心高差别较大。因此，为了满足箱体具有足够的润滑油，初步选择中间轴大齿轮 2 的齿顶圆最低点距箱体底面的高度为 50 mm，因此确定最低油面高度为 60 mm，最高油面高度为 75 mm，对中小型减速器还应保证传动件浸油深度最高不超过齿轮半径的 1/4～1/3，以免搅油损失过大。综合考虑，确定减速器中心到机座内壁底面的距离约为 140 mm。

3. 减速器供油量的验算

单级减速器传递 1 kW 功率需要油量为 $(0.35\sim0.7)\times10^6$ mm³，该设计为二级齿轮减速器，传动件传动的需油量为

$$V_0 = 2\times(0.35\sim0.7)\times10^6\times2.328 = (1.630\sim3.259)\times10^6\,(\text{mm}^3)$$

其值应小于油池设计最小容积，需要在结构设计中予以保证。

4. 密封方式的确定

考虑工作环境是清洁环境，在油润滑情况下，选用油封内带有金属骨架的唇形密封圈密封，采用唇口向内布置方式，以减少润滑油外泄。

4.3　减速器内传动件的三维建模

减速器内传动件主要指齿轮、蜗轮、蜗杆等。目前主流的三维机械设计软件都提供辅助设计的功能,从最简单的齿数模数设定到复杂的强度校核变位计算等都有不同的软件可以辅助设计,常用软件是 SolidWorks 和 Inventor。SolidWorks 的传动件辅助设计(以齿轮为例),默认只可以进行模数、齿数、孔与键槽的自动绘制,Inventor 则可以进行更为复杂的设计工作。基于 SolidWorks 软件进行设计时,可以在网站下载 SolidWorks 的一些额外的设计插件或者设计库,实现更为复杂的设计计算,同时还有相当多的独立软件可以提供校核计算功能。对于很多设计计算工作,均可利用这些工具进行辅助设计,确保设计计算的准确性,同时提高设计速度,在此不再赘述。

4.3.1　方案一的内传动件建模

蜗轮蜗杆的结构复杂,在校核未通过时可能需要修改传动结构,并且蜗杆的螺旋部分与蜗杆轴的其他轴径车制成一体,为了便于设计和修改,蜗轮和蜗杆的详细结构建模暂时省略,蜗杆轴和蜗轮轴的设计和建模同步进行,不妨将蜗杆部分用以齿顶圆为直径、旋合长度为轴向长度的圆柱体进行初步建模,而蜗轮部分则以蜗轮外圆为直径、轮毂宽度为轴向长度的圆柱体作为其初步建模,蜗轮蜗杆的详细结构创建放在校核通过之后进行,详见第 5 章相关内容。如此设计降低了操作的复杂性,提高了设计工作效率。

在 SolidWorks 零件环境下,点击"前视基准面"作为编辑新零件(圆柱体代替蜗轮)的草图平面(即蜗轮的中间平面)→圆心选在坐标原点,分别绘制直径为 ϕ214 mm(蜗轮外圆直径)和 ϕ56 mm(初选蜗轮轮芯安装孔直径)的同心圆→退出草图编辑界面,点击"拉伸实体特征"两侧对称,距离为 90 mm,单击√→生成蜗轮圆柱体→保存并命名为"蜗轮圆柱体"。蜗轮圆柱体的建模如图 4.1 所示。

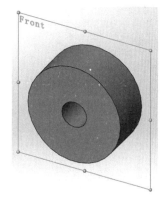

图 4.1　蜗轮圆柱体的建模

值得注意的是,蜗轮圆柱体将作为蜗杆减速器装配体设计建模之初的基础零件,它的建模方位将直接影响装配体的建模方位,详细效果请见第 5 章。

4.3.2　方案二的内传动件建模

根据表 4.3 的齿轮参数表,直接在 SolidWorks 的零件环境中调用 ToolBox 工具箱生成齿轮毛坯。也可以直接在装配环境中调用 ToolBox 工具箱,生成齿轮毛坯,在装配环境下所有生成的齿轮可以通过"另存为"的方式进行进一步修改。

值得注意的是,齿轮毛坯轮毂孔的直径是暂时的初设值,最后待轴的设计、校核完成后,根据轴径调整修改齿轮孔的直径和键槽的大小。此外,建好齿轮的三维模型后,插入齿轮内孔圆柱面的"基准轴",以便装配体三维设计时确定零件间的相对位置。图 4.2 为表 4.3 中的齿轮 1~4 的初步三维建模。

注意:齿轮 1 直径较小,在后续安装齿轮 1 的轴 I 设计时,可以直接设计成齿轮轴,在此仅是轮齿部分的设计和结构建模。

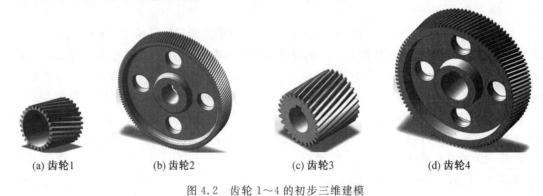

(a) 齿轮1   (b) 齿轮2   (c) 齿轮3   (d) 齿轮4

图 4.2　齿轮 1~4 的初步三维建模

第5章 一级蜗杆减速器的三维设计

机器或部件的装配图是表达其工作原理、各个零件的结构形状和相互位置关系及零件之间连接和装配关系的图样,也是拆画零件图、装配、调试、维护的依据。产品的设计过程应该是首先设计装配图,然后根据装配图绘制常用件和专用零件的零件工作图。

传动零件、轴和轴承是减速器的主要零件,其他零件的结构和尺寸是根据这些零件确定的。因此,进行三维设计时,应从设计这些零件及其建模入手,由内向外逐一进行设计和建模。本章根据方案一的要求进行设计。

5.1 一级蜗杆减速器机体结构尺寸的设计

根据一级蜗杆减速器中心距,参考表 3.1 和表 3.2,可得到蜗杆减速器铸铁机体结构尺寸,见表 5.1。

表 5.1 蜗杆减速器铸铁机体结构尺寸　　　　　　　　　　mm

名称	符号	尺寸关系	尺寸设计值
机座壁厚	δ	$0.04a+3 \geqslant 8$	10
机盖壁厚	δ_1	蜗杆在下:$0.85\delta \geqslant 8$	10
机座凸缘厚度	b	1.5δ	15
机盖凸缘厚度	b_1	$1.5\delta_1$	15
机座底凸缘厚度	p	2.5δ	25
地脚螺钉直径	d_f	$0.036a+12$	M16
地脚螺钉数目	n	—	$n=6$
轴承旁连接螺栓直径	d_1	$0.75d_f$	M12
机盖与机座连接螺栓直径	d_2	$(0.5 \sim 0.6)d_f$	M10
连接螺栓 d_2 的间距	l	$150 \sim 200$	视设计结构确定
轴承端盖螺钉直径	d_3	$(0.4 \sim 0.5)d_f$	M8
窥视孔盖螺钉直径	d_4	$(0.3 \sim 0.4)d_f$	M6
定位销直径	d	$(0.7 \sim 0.8)d_2$	6
d_f、d_1、d_2 至外壁距离	c_{1min}	查表	22、18、16
d_f、d_1、d_2 至凸缘距离	c_{2min}	查表	20、16、14
轴承旁凸台半径	R_1	c_2	16
凸台高度	H_t	—	根据轴承确定

名称	符号	尺寸关系	尺寸设计值
铸造箱体与轴承端盖接触处凸台轴向尺寸	s_1	$5\sim10$	8
外机壁至蜗轮轴承座端面距离	L_w	$c_1+c_2+s_1$	$18+16+8=42$
内机壁至蜗轮轴承座端面距离	L	$\delta+c_1+c_2+s_1$	$10+42=52$
蜗轮外圆与内机壁距离	Δ_1	$\geqslant1.2\delta$	$\geqslant12$,取 15
蜗轮端面与内机壁距离	Δ_2	$\geqslant10\sim15$	15
机盖、机座肋厚	m_1、m	$m_1\approx0.85\delta_1$,$m\approx0.85\delta$	$m_1=m=9$
轴承端盖外径	D_2	轴承座孔径$+(5\sim5.5)d_3$	视轴承而定
轴承端盖凸缘厚度	e	$(1\sim1.2)d_3$	10
轴承旁连接螺栓距离	s	$s\approx D_2$	视轴承而定

5.2　蜗杆和蜗轮轴的三维设计与建模

考虑到制造、安装定位、固定要求及轴的受力合理,蜗杆采用阶梯轴的结构,由联轴器及扭转强度确定最小轴径,考虑固定、安装定位等要求可以确定各段轴径长度。由于各轴段的长度未知,不妨先初定各轴段长度,由此可以先将轴的模型建立起来,具体的轴段长度可由后续建模逐步确定。

5.2.1　蜗杆轴的设计与建模

1. 材料的选择

因传递功率不大,并对质量及结构尺寸无特殊要求,考虑到经济性,选用常用材料 45 钢,调质处理。

2. 蜗杆轴最小轴颈及其联轴器的确定

对于转轴,按扭转强度初算轴径,查参考文献[2]表 9.4 得 $C=106\sim118$,考虑到轴端的弯矩和转矩的大小,故取 $C=110$,则蜗杆轴最小直径为

$$d_{1\min}=C\sqrt[3]{\frac{P}{n}}=110\sqrt[3]{\frac{1.931}{940}}=13.98(\text{mm})$$

由于该轴上有一键槽,将计算值加大 5%,则 $d_{1\min}=14.68(\text{mm})$。

为了减小启动转矩,联轴器应具有较小的转动惯量和良好的减震性能,因此选用弹性套柱销联轴器,联轴器一端连接电动机,另一端连接蜗杆轴。蜗杆轴的计算转矩为

$$T_c=KT_1=1.5\times19.82=29.73(\text{N}\cdot\text{m})$$

式中　T_1——联轴器传动的名义转矩,N·m;

　　　K——工作情况系数。由参考文献[2]表 12.1 可知,工作机为胶带运输机,因此取

　　　　　$K=1.5$。

根据计算转矩与电动机轴尺寸见参考文献[1]表 13.2,选择弹性套柱销联轴器,标记为

LT4 联轴器 28×62 GB/T 4323—2002。

3. 蜗杆轴结构的初步设计与三维建模

根据蜗杆减速器的中心距 $a=130$ mm,选择减速器的机座采用剖分式结构。因传递功率较小,故轴承的固定方式采用两端固定支承,根据轴上零件的作用、受力情况、固定和定位的要求,初步确定蜗杆轴为阶梯轴,由 7 段组成,如图 5.1(a)所示,按照轴上安装零件的顺序,从 $d_{\min}$ 处开始设计,除最小直径段以外,其他轴径尺寸均为初步暂定,蜗杆轴的结构设计见表 5.2。

表 5.2　蜗杆轴的结构设计　　　　　　　　　　　　　　　　　mm

径向尺寸	确定原则	设计值	轴向尺寸	确定原则	设计值
d_1	$d_1 \geqslant d_{1\min}$,并根据该段轴上安装联轴器的尺寸确定。由于联轴器的一端与电动机连接,另一端与轴连接,其转速较高,传递转矩比较小。故采用 LT 型弹性套柱销联轴器 LT4,查表确定	28	l_1	根据联轴器尺寸查表确定,初选 $l_1=60$	60
d_2	用于联轴器轴向定位,安装密封圈,兼顾密封圈的标准值,且便于轴承安装 $d_2 < d_3$,轴肩高 $h=(0.07\sim0.1)d_1 \geqslant 2$。本设计中,蜗杆轴轴承采用油润滑,选择 B 型带金属骨架旋转轴唇形密封圈(GB/T 13871.1—2007)(代号 B42),查表确定	38	l_2	根据蜗杆轴轴承座尺寸、轴承和挡油板的位置以及考虑动件与不动件间距大于 10~15 确定,$l_2 \approx K+e+L-\Delta_3-B$,$K=15$,$e=12$(考虑垫片厚),$L=s_1+s_2$,$s_1$——蜗杆轴承座外伸凸缘长度,取 $s_1=5$,s_2——蜗杆轴承座内伸长度,取 $s_2=30$,$L=30+5=35$,$\Delta_3=3$,$B=19$,当采用弹性套柱销联轴器时,查联轴器手册确定 $A=35$,初选 $l_2=40$	45
d_3	用于安装轴承,$d_3=d_2+(1\sim2)$,满足轴承内径系列,且数值以 0 或 5 结尾。考虑到蜗杆传动有轴向力,选用圆锥滚子轴承,暂取轴承型号 30209,查表确定轴承宽度 $B=19$(内径 $d=45$,外径 $D=85$,宽度 $B=19$,故取 $d_3=d_7=45$)。由于传动方案为蜗杆在下,为防止过多的润滑油冲向轴承,该轴段应安装挡油板	45	l_3	$l_3=B+l_d$,$B=19$；l_d——挡油板的轴向尺寸,$l_d=2$；初选 $l_3=24$	24
d_4	此段为轴肩,为了方便轴段 d_3 上的轴承和挡油板的轴向定位	60	l_4	$l_4=5\sim8$,初选 $l_4=5$,根据轴承座的尺寸以及轴承和挡油板的装配位置最后确定	12

续表 5.2

mm

径向尺寸	确定原则	设计值	轴向尺寸	确定原则	设计值
d_5	蜗杆的螺旋部分与蜗杆轴的其他轴径均车制而成。在蜗杆轴的设计中，为了便于设计和修改，蜗杆的螺旋部分不妨以蜗杆的齿顶圆为直径、旋合长度为轴向长度的圆柱体代替，螺旋部分两端需留出退刀槽，其轴径 $d_5 = 45$，蜗杆齿顶圆直径 $d_a = 73$	45 $d_a = 73$	l_5	初选蜗杆两侧的退刀长度分别为 $l_{td} = 30$，蜗杆螺旋部分长度为 $l_a = 90$，初选 $l_5 = 2 \times l_{td} + l_a = 30 + 90 + 30 = 150$，最终由结构确定	158 (34+90+34) $l_{td} = 34$
d_6	此段为轴肩，与 d_4 相对于蜗杆轴向长度中心对称分布，便于轴段 d_7 上的挡油板和轴承定位 $d_4 = d_6$	60	l_6	$l_6 = 5 \sim 8$，初选 $l_6 = 5$，最终由结构确定	12
d_7	此段安装挡油板和轴承，同一轴上的两轴承型号应相同，同轴段 $d_3, d_7 = d_3$	45	l_7	初选 $l_7 = l_3 = 24$，根据轴承座的尺寸以及轴承和挡油板的装配位置最后确定	24
键槽的尺寸	根据轴的直径 $\phi28$，查国家标准确定，暂选普通平键 GB/T 1096—2003 键 8×7×56，轴 $t = 4$，毂 $t_1 = 3.3$	$b = 8$ $h = 7$	键槽长 L_j	$L_j \approx 0.85l$ l—有键槽的轴段长度，查国标选取相近的标准长度，且应同时满足挤压强度要求	56
蜗轮端面至箱体内壁的距离 Δ_2	便于运动，避免干涉 $\Delta_2 \geqslant 10 \sim 15$	15	轴承端盖厚度 e	查图 3.23 轴承端盖的结构尺寸，$e = (1 \sim 1.2)d$ d—轴承端盖螺钉直径，$d = M8$	10
蜗杆轴承至箱体内壁的距离 Δ_3	蜗杆轴承采用箱体内润滑油润滑，$\Delta_3 = 3 \sim 5$	3	联轴器至轴承端盖的距离 K	当采用弹性套柱销联轴器时，应查联轴器手册确定，且考虑动件与不动件间距大于 $10 \sim 15$ 确定，取 $K = 15$	15
铸造箱体与轴承端盖接触处凸台轴向尺寸 s_1	s_1 即为轴承座外伸凸缘长度，参考经验 $s_1 = 5 \sim 10$，取 $s_1 = 5$	5	蜗杆轴承座内伸长度 s_2	蜗杆轴承座内伸长度 s_2 根据经验初选 30	30

根据表 5.2 设计的各段轴径以及初定的各段轴的长度,蜗杆轴各段轴向尺寸的符号如图 5.1(a)所示,设计出蜗杆轴草图,如图 5.1(b)所示。

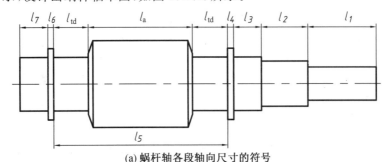

(a) 蜗杆轴各段轴向尺寸的符号

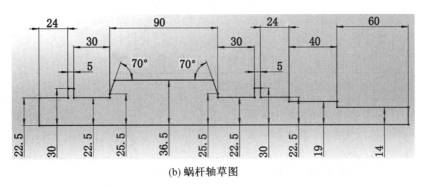

(b) 蜗杆轴草图

图 5.1　蜗杆轴各段轴向尺寸的符号及其草图

通过特征"旋转基体"可以得出蜗杆轴的三维模型,如图 5.2 所示。

图 5.2　蜗杆轴的三维模型

5.2.2　蜗轮与蜗轮轴的设计与建模

1. 蜗轮的设计与建模

由于蜗轮结构复杂,为了便于设计和修改,以蜗轮外圆直径($\phi214$ mm)为直径、轮毂宽度($l_a =90$ mm)为轴向长度的圆柱体进行初步建模(第 4 章已完成),蜗轮的详细结构建模放在校核通过之后进行。

2. 蜗轮轴的材料选择

因传递功率不大,并对质量及结构尺寸无特殊要求,考虑到经济性,选用常用材料 45 钢,调质处理。

3. 蜗轮轴最小直径及其联轴器的确定

蜗轮轴的最小轴径为

$$d_{1\min} \geqslant C\sqrt[3]{\frac{P_2}{n_2}} = 110 \times \sqrt[3]{\frac{1.420}{50}} = 33.561 \text{ (mm)}$$

连接联轴器的轴段 d_1 只有 1 个键槽，将计算值加大 5%，得 $d_{1\min} = 35.239$ mm。

蜗轮轴计算转矩为

$$T_c = KT_2 = 1.5 \times 271.2 = 406.8(\text{N} \cdot \text{m})$$

根据计算转矩与蜗轮轴的最小轴径，选择刚性凸缘联轴器，其型号为 GY6（GB/T 5843—2003）。

4. 蜗轮轴结构的初步设计与三维建模

减速器的中心距 $a = 130$ mm，选择减速器的机座采用剖分式结构。因传递功率较小，故轴承的固定方式可采用两端固定支承。因此，初步确定蜗轮轴为阶梯轴，由 6 段组成，蜗轮轴各段轴向尺寸符号如图 5.3(a) 所示，按照轴上安装零件的顺序，从 $d_{1\min}$ 处开始设计，除最小直径以外，其他轴径尺寸均为初步暂定，蜗轮轴的结构设计见表 5.3。

表 5.3　蜗轮轴的结构设计　　　　　　　　　　　　　　　　　　　　mm

径向尺寸	确定原则	设计值	轴向尺寸	确定原则	设计值
d_1	$d_1 \geqslant d_{1\min}$，并根据该段轴上安装联轴器的尺寸确定。由于联轴器的一端与工作机连接，另一端与蜗轮轴连接，其转速较低，传递转矩比较大，故采用刚性凸缘联轴器 GY6，查表确定	38	l_1	根据联轴器型号查表确定，且考虑动件与不动件间距大于 $10 \sim 15$ 确定，选择联轴器至轴承端盖的距离 $K = 15$，初选 $l_1 = 80$	80
d_2	用于联轴器轴向定位，安装密封圈，兼顾密封圈的标准值，且便于轴承安装 $d_2 < d_3$，轴肩高 $h = (0.07 \sim 0.1)d_1 \geqslant 2$。本设计中，蜗轮轴轴承采用润滑脂润滑，且选择毛毡油封密封圈，查表确定	45	l_2	$l_2 \approx K + e + L - \Delta_3 - B$ $K = 15$，$e = 12$（考虑垫片厚），$L = 52$，$\Delta_3 = 10$，$B = 20$，初选 $l_2 = 50$，最终由结构确定	50
d_3	安装轴承，$d_3 = d_2 + (1 \sim 2)$，满足轴承内径系列，且数值以 0 或 5 结尾。考虑到蜗杆传动有轴向力，选用圆锥滚子轴承，暂取轴承型号 30210，查表确定轴承宽度 $B = 20$（内径 $d = 50$，外径 $D = 90$，宽度 $B = 20$，故取 $d_3 = d_6 = 50$），为防止箱体的润滑油对轴承润滑脂的影响，该轴段应安装挡油板，并安装套筒	50	l_3	$l_3 = B + l_d$，$B = 20$ l_d—挡油板的轴向尺寸，$l_d = 10$ 初选 $l_3 = 30$，最终由结构确定	50
d_4	安装蜗轮，d_4 应该略大于 d_3	56	l_4	蜗轮的轮毂轴向长度为 $l_a - 2$，$l_a = 90$，$l_4 = 88$	88

续表 5.3 mm

径向尺寸	确定原则	设计值	轴向尺寸	确定原则	设计值
d_5	轴肩,便于蜗轮轴向定位	66	l_5	$l_5 = 5 \sim 8$,初选 $l_5 = 7$	7
d_6	安装挡油板和轴承,同一轴上的两轴承型号应相同,同轴段 d_3,$d_6 = d_3$	50	l_6	$l_6 = B + l_d$,$B = 20$ l_d——挡油板的轴向尺寸,$l_d = 10$ 初选 $l_6 = 30$,由最后结构确定	40
键槽的尺寸	根据轴段 d_1 的直径 $\phi 38$,查国家标准确定,暂选普通平键,GB/T 1096—2003 键 $10 \times 8 \times 70$,轴 $t = 5$,毂 $t_1 = 3.3$	$b = 10$ $h = 8$	键槽长 L_j	$L_j \approx 0.85l$ l——有键槽的轴段长度,查国标选取相近的标准长度,且应同时满足挤压强度要求	70
	根据轴段 d_5 的直径 $\phi 56$,查国家标准确定,暂选普通平键,GB/T 1096—2003 键 $16 \times 10 \times 80$,轴 $t = 6$,毂 $t_1 = 4.3$	$b = 16$ $h = 10$			80
蜗轮至箱体内壁的距离 Δ_2	为便于运动,避免干涉 $\Delta_2 \geqslant 10 \sim 15$	15	轴承端盖厚度 e	查机械设计图册"轴承端盖和密封装置结构"部分,$e = (1 \sim 1.2)d$ d——轴承端盖螺钉直径,$d =$ M8	10
轴承至箱体内壁的距离 Δ_3	轴承采用润滑脂润滑 $\Delta_3 = 8 \sim 12$	10	联轴器至轴承端盖的距离 K	当采用刚性凸缘联轴器时,应查联轴器手册确定,且考虑动件与不动件间距大于 $10 \sim 15$ 确定,取 $K = 15$	15
铸造箱体与轴承端盖接触处凸台轴向尺寸 s_1	参考经验 $s_1 = 5 \sim 10$,取 $s_1 = 8$	8	蜗轮轴承座长度 L	$L = \delta + c_1 + c_2 + s_1$ δ——箱体壁厚 10 c_1,c_2——分别为轴承旁连接螺栓 d_1 至外机壁距离和至凸缘的距离,$c_1 = 18$,$c_2 = 16$ $s_1 = 8$	52

　　根据表 5.3 设计的各段轴径及初定的各段轴的长度,蜗轮轴各段轴向尺寸符号如图 5.3(a)所示,设计出蜗轮轴草图,如图 5.3(b)所示。通过特征"旋转基体"可以得出蜗轮轴的三维模型,如图 5.4 所示。

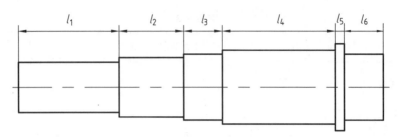

（a）蜗轮轴各段轴向尺寸符号

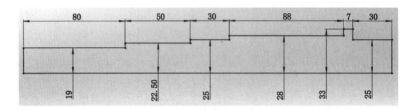

（b）蜗轮轴草图

图 5.3　蜗轮轴各段轴向尺寸符号及其草图

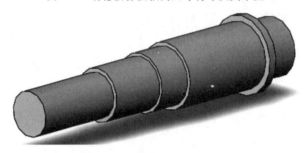

图 5.4　蜗轮轴的三维模型

　　值得注意的是，在对轴进行建模时，先绘制轴的轮廓线草图之后，进行"旋转基体"，创建轴的三维模型，以便后续快速高效地修改各轴段长度。此外，轴建模后应插入轴的圆柱面的"基准轴"，便于后续装配体的建模。

5.3　蜗杆减速器装配体的创建与传动件相对位置的确定

　　在减速器的三维设计中，主要采用自上而下设计法建立装配体模型，对于已有的标准件和常用件（如螺纹紧固件、键、销、滚动轴承、齿轮等）结合自下而上设计法进行，对于专用零件则通过 SolidWorks 软件在装配体环境下生成或编辑零件。本节以蜗杆减速器装配体为例，介绍装配体三维建模过程。

　　装配体三维建模的基准面选择非常重要，它直接影响装配体模型显示的状态，根据蜗杆减速器的结构特点，建议蜗杆减速器装配体的设计优先选择在前视基准面上进行。

　　在蜗杆传动中，蜗轮与蜗杆需要在中间平面正确啮合。因此，根据蜗轮的中间平面通过蜗杆的轴线及蜗轮和蜗杆的中心距要求，先放置蜗轮，并将蜗杆与蜗轮进行相应的配合，满足相对位置关系要求。在调整过程中，要使用距离约束配合功能，固定相对位置尺寸关系，并将蜗轮中间平面与蜗杆轴的中心线固定在同一前视基准面上。蜗轮蜗杆的装配及其与基准面的相对位置如图 5.5 所示。在建立了蜗轮蜗杆的装配关系后，便于直观、准确地确定箱体壁的位置,并由此最终确定各轴段的长度,然后进行必要的校核。

操作步骤如下。

(1)单击 SolidWorks"文件"下拉菜单→"新建"→"新建 SolidWorks 文件"→选择"装配体"→点击"确定"→"开始装配体属性管理器"→点击"浏览"→选中"蜗轮圆柱体"→编辑蜗轮为浮动件→保存并命名装配体名称为"蜗杆减速器装配体"。

(2)单击"配合"下拉菜单或图标 ![配合] →定义蜗轮与装配体的"前视基准面""上视基准面"和"右视基准面"分别重合。注意:蜗轮的"前视基准面即蜗轮的中间平面"与装配体的前视基准面重合。

(3)单击"插入"下拉菜单→"配合"→"零部件"→"现有零件"→"浏览"→选择"蜗轮轴",单击√,在装配体中加入蜗轮轴。

(4)单击"配合"→定义蜗轮轴的圆柱面与蜗轮内孔"同轴",端面"重合"的配合关系,单击√,确定蜗轮及蜗轮轴间的相对位置。

(5)单击"插入"→"零部件"→"现有零件"→"浏览"→选择"蜗杆轴",单击√,在装配体中加入蜗杆轴。

(6)单击"配合"→定义蜗杆轴的基准轴与装配体的"前视基准面"重合、蜗杆轴的基准轴与装配体的"上视基准面"平行且距离为 130 mm(中心距)、蜗杆轴螺旋部分的端面与装配体右视基准面的距离为 $l_a/2 = 45$ mm,单击√,确定蜗轮和蜗杆与三个基准面间的相对位置,以便于后续的三维建模设计。蜗轮蜗杆的装配及其与基准面的相对位置如图 5.5 所示。

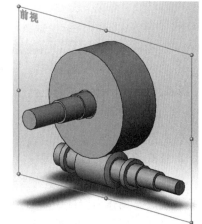

图 5.5　蜗轮蜗杆的装配及其
与基准面的相对位置

5.4　机座及其相关零件的三维设计和建模

5.4.1　机座尺寸的确定及其三维建模

1. 机座高度的确定

选前视基准面为草图平面,将装配体向草图平面投影,先绘制草图。在确定机座高度时,主要考虑以下三点:①传动件的尺寸;②电动机中心高度 $H = 112$ mm;③油面高度 $> 30 \sim 50$ mm,此处取油面高为 60.5 mm,使蜗杆轴线到箱体内壁底面的高度为 $H_1 = 112 - 10$(机座底面壁厚)-5(机座底座减少加工面积槽深)$= 97$ (mm)。机座高度的确定如图 5.6 所示。

操作步骤如下。

在装配体 SolidWorks 装配环境下,点击"插入"→"零部件"→"新零件"或图标 ![图标] →点击"前视基准面"作为草图平面(即蜗轮的中间平面)绘制草图→分别过蜗轮中心和蜗杆轴线绘制两条构造线与蜗杆轴线平行→在蜗杆下方绘制构造线(蜗杆的齿顶圆线),用尺寸约束此线与蜗杆轴线的距离为 $d_a/2 = 36.5$ mm→对该线作"实体等距",距离 60.5 mm,即得机座内壁线→对机座内壁线作"实体等距",距离为 10 mm,即为机座外壁线→点击图标![icon]，退出零件草图编辑状态→点击图标![icon]，退出零件编辑状态,生成机座高度确定的草图→将该零件更名为"装配体高度确定草图"。因此,可得初定机座底部内壁高度为 227 mm,外壁高度为 237 mm。

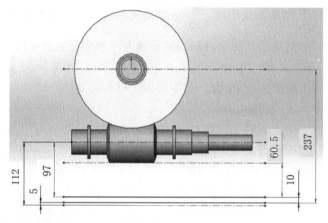

图 5.6　机座高度的确定

2. 机座长度和宽度的确定

由表 5.1 可知,箱体壁厚为 $\delta = 10$ mm。蜗轮外圆与箱体内壁的距离 $\Delta_1 = 15$ mm。蜗轮轮毂端面与箱体内壁的距离 $\Delta_2 = 15$ mm。

在设计时还需要考虑蜗杆径向不能与内壁发生干涉,由于本设计中蜗轮轮毂宽度大于蜗杆齿顶圆直径($\phi 73$ mm),因此按上述方法设计箱体内壁宽度时,蜗杆在径向不会与内壁发生干涉。

在装配体 SolidWorks 装配环境下,选装配体的上视基准面作为草图平面(即蜗轮轴线所的在平面)绘制草图,并根据蜗轮外圆直径的轮廓线与箱体内壁的距离 $\Delta_1 = 15$ mm、蜗轮轮毂宽度 $B = 90$ mm 及轮毂与箱体内壁的距离 $\Delta_2 = 15$ mm,可得到确定机座长度和宽度的草图。

操作步骤如下。

在装配体 SolidWorks 装配环境下"插入"→"零部件"→"新零件"或图标![icon]→点击"上视基准面"作为草图平面,绘制草图→用构造线绘制矩形,两条水平线和两条竖直线分别为蜗轮的蜗轮轮毂宽度线和蜗轮外圆直径的轮廓线→将此线向外"实体等距",距离为15 mm,即为机座内壁轮廓线→进一步向外"等距实体",距离为 10 mm,即为机座外壁轮廓线→点击图标![icon]，退出零件草图编辑状态→点击图标![icon]，退出零件编辑状态,生成确定机座长度和宽度的草图→将该零件更名为"机座"。因此,可以得出机座内壁长度和宽度为 240 mm和 120 mm,机座外壁宽度则为 140 mm。机座内壁长度和宽度的确定如图 5.7 所示。

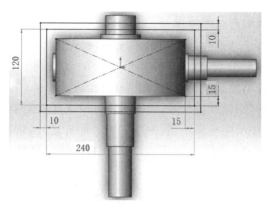

图 5.7　机座内壁长度和宽度的确定

3. 机座主体结构的三维建模

操作步骤如下。

(1)在装配体 SolidWorks 装配环境下→在设计树下点击"机座"→点击图标 ，进入"机座"编辑状态→点击草图绘制→点击"机座长度和宽度确定草图"→点击特征"拉伸凸台",向下拉伸距离 227 mm→单击√→生成机座长度和宽度方向的侧壁。

(2)点击草图绘制→点击机座侧壁的底面作为草图平面→绘制机座底的草图(矩形)→点击特征"拉伸凸台",向下拉伸距离 10 mm(壁厚)→单击√→生成机座的底→点击图标 ,退出零件编辑状态。机座的主体结构建模如图 5.8 所示。

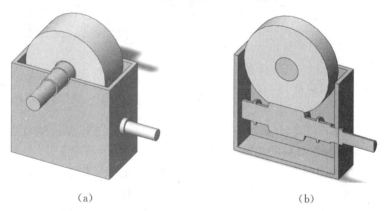

(a)　　　　　　　　　　　　　　　　　(b)

图 5.8　机座的主体结构建模

5.4.2　机座蜗杆轴承座的设计与建模

蜗杆轴承座的设计是机座设计的核心部分之一,轴承座是传动部件定位与支承的重要组成部分。因此在设计轴承座的位置时,既要考虑轴上零部件的安装与固定,还要注意轴承座内伸部分与蜗轮外圆应有足够的距离以免发生干涉。因此,蜗杆轴承座的设计可分为以下三步。

1. 确定蜗杆轴轴承座位置

在三维设计中,可以直观地通过装配体的投影确定蜗杆轴轴承座的轴线在装配体结构中的位置。

2. 确定蜗杆轴轴承座的内径和外径

轴承座内孔的直径等于轴承的外径,即 $\phi 85$ mm,蜗杆轴轴承座的外径等于蜗杆轴轴承端盖的外圆直径,根据经验公式 $D_2 = D + (5 \sim 5.5) d_3 = 85 + (5 \sim 5.5) \times 8 = 125 \sim 129$ mm。因此,选取蜗杆轴轴承座外径为 $\phi 125$ mm。

值得注意的是,在蜗杆减速器设计时,通常机座外壁宽度应大于或等于蜗杆轴承端盖凸缘的外径,这样设计可以使机座外形平整,便于加工。除此之外,蜗轮轴承座支点距离与机座外壁宽度有关,需满足一定要求,如不满足,应调整机座外壁宽度。

3. 初定蜗杆轴轴承座的内伸和外伸长度

轴承座外伸凸缘长度通常为 $s_1 = (5 \sim 8)$ mm,取外伸长度为 $s_1 = 5$ mm。轴承座内伸长度 s_2 主要依据轴承安装要求和与蜗轮保持足够的距离确定,根据经验,初定为 $s_2 = 30$ mm,可以视结构设计和安装情况修改。

4. 蜗杆轴轴承座的三维建模

操作步骤如下。

(1)在装配体 SolidWorks 装配环境下 →点击"剖面视图",选择剖面为"前视基准面"→单击√,生成装配体的剖视图。

(2)在设计树下点击"机座"→点击图标 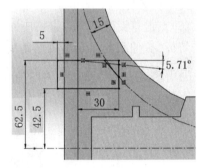,进入"机座"编辑状态→点击草图绘制→选择"前视基准面"为草图绘制平面→根据选定的参数绘制轴承座的草图,考虑到蜗杆轴轴承座内伸部分需与蜗轮外圆留出 15 mm 间隙,需要在其上方铣削一斜面,因此以蜗轮圆心为圆心,以蜗轮外圆半径加上 15 mm 为半径,作圆并与轴承座轮廓线相交,通过交点作该圆的切线,从而确定需要切除的轮廓,蜗杆轴轴承座结构草图如图 5.9 所示。

图 5.9　蜗杆轴轴承座结构草图

(3)点击特征"旋转","旋转轴"为选择蜗杆轴线,"所选轮廓"点击蜗杆轴承座草图截面→单击√,生成蜗杆轴轴承座的建模。

(4)点击特征"拉伸切除","方向"为对称,距离 80 mm,"所选轮廓"点击蜗杆轴承座草图中需要切除的区域→单击√,生成轴承座上方切除的斜面。

(5)点击"草图绘制"→点击机座左侧面为草图绘制平面→捕捉蜗杆轴圆心,绘制直径为 $\phi 85$ mm 的圆→退出草图或点击图标 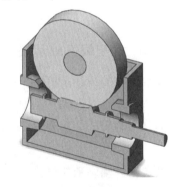→点击特征"拉伸切除",完全贯穿→单击√,生成机座上的轴承座孔。

(6)点击特征"镜向",选择"镜向基准面"为机座的右视基准面,"镜向的特征"选择蜗杆轴轴承座的(3)、(4)步形成的特征→单击√,生成对称部分蜗杆轴轴承座的结构→点击图标,退出零件编辑状态。蜗杆轴轴承座建模如图 5.10 所示。

图 5.10　蜗杆轴轴承座建模

5.4.3　蜗杆轴密封圈的选择及其轴承端盖与轴承座端面接触处垫片的建模

1. 蜗杆轴密封圈的选择与建模

由于蜗轮蜗杆的啮合传动采用油润滑,蜗杆轴轴承处于浸油状态,在其透盖端,为防止油液渗出,选择 B 型有骨架唇形密封圈密封(GB/T 13871.1—2007)(代号 B42),根据此段轴径为 $\phi 45$ mm,选择的轴承为 30209,其外径为 $\phi 85$ mm,因此,选择密封圈的内径为 $\phi 38$ mm,外径为 $\phi 58$ mm,宽度为 8 mm。由于密封圈为标准件,若在 SolidWorks 的 ToolBox 中有该标准件,则可在装配环境中直接调用;若没有可按其参数直接创建其零件模型,有骨架唇形密封圈如图 5.11 所示,在装配体中插入"已有零件"或点击图标 ,通过定义"配合"确定其位置,操作步骤略。

图 5.11　有骨架唇形密封圈(B 型)

2. 蜗杆轴闷盖和透盖与机座轴承座端面接触处垫片的选择与建模

蜗杆轴闷盖和透盖与机座轴承座凸台端面接触处垫片的作用是密封和调整轴承的游隙。因此,选择厚度 2 mm 的垫片,其内、外直径与轴承座凸台端面相同,建模步骤略。

5.4.4　蜗杆轴上其他零部件的设计及建模

1. 挡油板的设计及建模

由于蜗杆轴轴承采用箱体内的润滑油润滑,为了防止润滑油对轴承的轴向冲击,采用冲压成型的挡油板,其外径选择为 $\phi 83$ mm(略小于轴承外径 $\phi 85$ mm),内径为 $\phi 45$ mm(此段轴径),厚度为 2 mm。

操作步骤如下。

在装配体 SolidWorks 装配环境下"插入"→"零部件"→"新零件"或图标 →点击"前视基准面"作为草图平面,绘制草图→绘制出挡油板截面草图,构造线表示蜗杆的轴线,挡油板截面草图如图 5.12 所示→点击图标 ,退出草图→点击特征"旋转基体"→生成一侧的挡油板模型→点击特征"镜向",对称面选择"右视基准面"生成对称的另一侧挡油板→点击图标 ,退出零件编辑状态→将该零件更名为"挡油板",挡油板建模如图 5.13 所示。

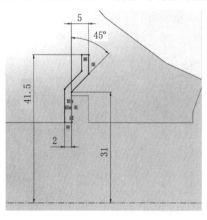

图 5.12　挡油板截面草图

图 5.13　挡油板建模

2. 装配轴承

根据选择的圆锥滚子轴承 30209，从 SolidWorks 的 ToolBox 中调用圆锥滚子轴承 30209 的建模，按照安装位置，通过配合将轴承装配到装配体中，蜗杆轴肩长度为 5 mm 时轴承位置图如图 5.14 所示，步骤略。由图 5.14 可知，蜗杆轴的左侧轴承右端面在蜗杆轴轴承座内伸凸台端面右侧，此状态表明轴的轴向尺寸设计不合理。为了满足设计要求，即蜗杆轴承采用机座内油润滑时，轴承外圈端面至机座内壁的距离 $\Delta_3 = 3 \sim 5$ mm，因此，修改蜗杆轴截面草图，调整左侧蜗杆轴轴肩 l_6 的尺寸，由 5 mm 修改成 12 mm，并且将蜗杆轴左侧退刀部分 l_{td} 的尺寸由 30 mm 修改成 34 mm，使左

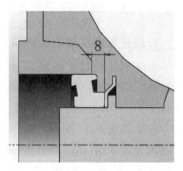

图 5.14　蜗杆轴肩长度为 5 mm 时轴承位置图

侧轴承右端面相对于轴承座内伸凸台端面向左偏移 3 mm；由于蜗杆两轴肩之间的结构是对称的，同理改变蜗杆轴右侧的轴肩和退刀尺寸。改变蜗杆轴轴肩长度和退刀长度后轴承位置图如图 5.15 所示。

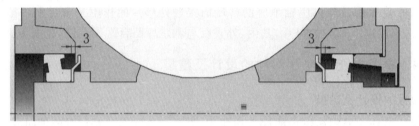

图 5.15　改变蜗杆轴轴肩长度和退刀长度后轴承位置图

3. 轴承透盖的设计及建模

根据图 3.23 中轴承端盖结构推荐的参数，兼顾轴承外径 $\phi 85$ mm、连接透盖的螺钉 M8、密封圈的内外径（内径 $\phi 38$ mm、外径 $\phi 58$ mm、厚度 8 mm）等参数设计出其截面草图。蜗杆轴透盖截面草图如图 5.16 所示，建模操作步骤同挡油板，这里不再赘述。此外，编辑"透盖"零件，在透盖的端面绘制草图，通过特征"拉伸切除"，形成其六个 $\phi 9$ mm 圆周均匀分布的螺钉连接孔（分布在 $\phi 105$ mm 圆周上）和四个 $\phi 3$ mm 圆周方向均布的拆卸孔（分布在 $\phi 50$ mm 圆周上），蜗杆轴透盖建模如图 5.17 所示。

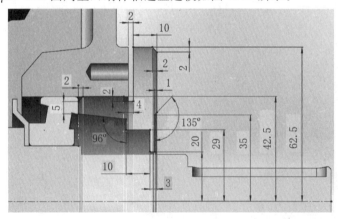

图 5.16　蜗杆轴透盖截面草图

图 5.17　蜗杆轴透盖建模

4. 轴承闷盖的设计及建模

根据图 3.23 中轴承端盖结构推荐的参数，兼顾轴承外径 $\phi 85$ mm、连接闷盖的螺钉 M8 等参数，设计出蜗杆轴闷盖截面草图，如图 5.18 所示，建模操作步骤与透盖相同，这里不再赘述，蜗杆轴闷盖建模如图 5.19 所示。

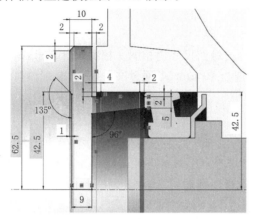

图 5.18　蜗杆轴闷盖截面草图　　　　　图 5.19　蜗杆轴闷盖建模

图 5.20 为蜗杆轴安装轴承和端盖后轴系零件的相对位置，可见，l_2 段伸出透盖 8 mm，采用弹性套柱销联轴器时，根据查表可知透盖端面到联轴器凸缘端面的距离为 $A = 35$ mm，目前这段距离为 $8 + L - b = 8 + 62 - 38 = 32 < A$，不满足要求。因此，将 l_2 长度由 40 mm 调整为 45 mm，蜗杆轴尺寸调整后安装的相对位置如图 5.21 所示。

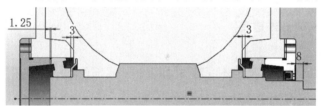

图 5.20　蜗杆轴安装轴承和端盖后轴系零件的相对位置

在上述设计过程中，随着蜗杆轴上个零件的设计和建模，逐一修改蜗杆轴初始设计不合理的长度尺寸使其满足设计要求，最终确定了蜗杆轴各轴段的长度，蜗杆轴最终的结构建模如图 5.22 所示。在修改过程中，只需对蜗杆轴草图的尺寸参数进行修改，结构随之改变，操作简单，从中可见关联设计的优势。

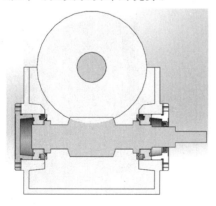

图 5.21　蜗杆轴尺寸调整后安装的相对位置　　　图 5.22　蜗杆轴最终的结构建模

5.5 机盖及其相关零件的三维设计和建模

5.5.1 机盖尺寸的确定及其建模

1. 机盖高度的确定

选择机盖和机座的接触处形状相同,且接触面尺寸也相同。根据设计要求,蜗轮与机盖内壁顶面的要求应大于 15 mm,机盖壁厚选为 10 mm,可通过文件名为"装配体高度确定草图"确定。

操作步骤如下。

在装配体 SolidWorks 装配环境下,点击"装配体高度确定草图"→点击编辑零件图标 🐷→编辑已有的"装配体高度确定草图"→即可在前视基准面上绘制草图,获得准确的高度尺寸→过蜗轮的最高点绘制构造线(蜗轮的齿顶圆的切线)→分别在此构造线上方绘制一条水平线→用尺寸约束此线与构造线的距离为 15 mm→即得机盖内壁线→对机盖内壁线作"实体等距",距离 10 mm,即为机盖外壁线→测量出机盖内壁高度为 120 mm,外壁高度为 130 mm→点击图标 🔾,退出零件草图编辑状态→点击图标 🐷,退出零件编辑状态。机盖高度的确定如图 5.23 所示。

2. 机盖长度和宽度的确定

机盖的长度和宽度与机座相同(接触面相同),外壁长和宽分别为 260 mm 和 140 mm。

3. 机盖主体结构的三维建模

操作步骤如下。

(1)在装配体 SolidWorks 装配环境下→"插入"→"零部件"→"新零件"或图标 🐷 →点击"上视基准面"为草图绘制平面→点击"转换实体引用","要转换的实体"点击机座上表面的边缘矩形轮廓线→绘出机盖下表面截面草图→点击√→点击图标 🔾,退出草图→点击特征"拉伸凸台",向上拉伸距离 130 mm,点击√,生成机盖主体,将此新零件更名为"机盖"。

(2)点击特征"抽壳"→为便于操作,可暂时隐藏机座,"敞开表面"选机盖的下表面,"壁厚"10 mm,点击√→生成机盖主体结构→点击图标 🐷,退出零件编辑状态。机盖主体结构如图 5.24 所示。

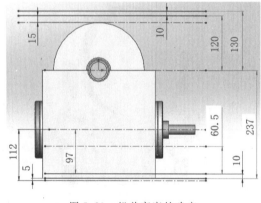

图 5.23 机盖高度的确定

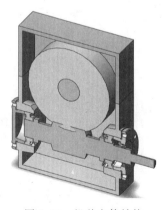

图 5.24 机盖主体结构

5.5.2　机盖蜗轮轴轴承座的设计与建模

蜗轮轴轴承座的设计是机盖设计的核心部分之一,设计其位置时,既要考虑轴上零部件的安装与固定,也要注意蜗轮外圆和轮毂与内壁应有足够的距离,通常蜗轮轴轴承座支点的距离由机座外壁宽度确定,在三维设计中可以按此要求初定,如果出现干涉或不满足安装距离要求,可以调整。蜗轮轴轴承座的设计可分为以下二步。

1. 确定蜗轮轴轴承座位置

在三维设计中,可以直观地向装配体右视基准面上投影,即可确定蜗轮轴轴承座轴心线在装配体结构中的位置。

蜗轮的尺寸较大,受空间的限制。因此,蜗轮轴轴承座的结构选择外伸,其长度即为轴承座端面至外机壁的距离 $L_w = c_1 + c_2 + s_1$,参见表 5.1,L_w 初定为 42 mm。

2. 确定蜗轮轴轴承座的内径和外径

轴承座内孔的直径等于轴承的外径,即 ϕ90 mm(轴承 30210,内径 $d = 50$ mm,外径 $D = 90$ mm),轴承端盖采用 M8 的螺钉连接,根据经验公式 $D_2 = D + (5 \sim 5.5) d_3$,则 $D_2 = 130 \sim 134$ mm,取 $D_2 = 130$ mm,即蜗轮轴轴承座外径为 ϕ130 mm。轴承座的拔模斜度为 $1:20$。

3. 蜗轮轴轴承座的三维建模

操作步骤如下。

(1)在装配体 SolidWorks 装配环境下 →点击"剖面视图",选择剖面为"右视基准面"→单击√,生成装配体的剖视图。

(2)在设计树下点击"机盖"→点击图标 ,进入"机盖"编辑状态→点击草图绘制→选择"上视基准面"为草图绘制平面→根据选定的参数绘制蜗轮轴轴承座结构草图,如图 5.25 所示→点击图标 ,退出草图。

(3)点击特征"旋转","旋转轴"为选择蜗轮轴线,"旋转角度"为180°→单击√,生成蜗轮轴轴承座一侧上半部分的建模;点击特征"镜向"→生成另一侧蜗轮轴轴承座的上半部分建模。

(4)点击草图绘制→选择机盖左侧面为草图绘制平面→绘出机盖半径为 45 mm 的半圆,形成轴承座孔需要切除的轮廓的草图→点击图标 ,退出草图→点击特征"拉伸切除","方向"选完全贯穿→点击√,生成机盖上半部分的轴承座孔。

同理,生成机座上蜗轮轴承座及下半部分轴承孔,蜗轮轴轴承座建模如图 5.26 所示。

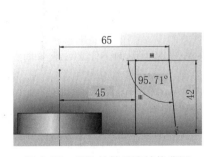

图 5.25　蜗轮轴轴承座结构草图

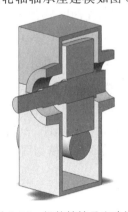

图 5.26　蜗轮轴轴承座建模

5.5.3　蜗轮轴密封圈及接触处垫片的选择与建模

1. 蜗轮轴密封圈的选择与建模

蜗轮轴轴承的润滑采用润滑脂润滑,蜗轮轴安装透盖端轴径为 $\phi45$ mm,选择毡圈油封密封圈(FZ/T 92010—1991),其内圈直径为 $\phi44$ mm,外圈直径为 $\phi57$ mm,宽度为 5 mm。

由于在 SolidWorks 的 ToolBox 中没有该件的建模,按其沟槽参数直接创建其零件模型,毡圈油封密封圈如图 5.27 所示。在装配体中插入"已有零件",通过定义"配合"确定其位置,操作步骤略。

2. 蜗轮轴轴承端盖与机盖轴承座端面接触处垫片的选择与建模

蜗轮轴闷盖和透盖与机盖轴承座端面接触处垫片的作用是密封、调整轴承的游隙和蜗轮的位置。因此,选择厚度 2 mm 的垫片,其内外直径与轴承座端面相同,其建模方法同蜗杆轴上垫片的建模方法,操作步骤略。

图 5.27　毡圈油封密封圈

5.5.4　蜗轮轴上其他零部件的设计及建模

1. 挡油板的设计及建模

由于蜗轮轴轴承采用润滑脂润滑,需要采用机加成型的挡油板,根据图 3.20(b)挡油板设计要求,其外径选择为 $\phi89$ mm(略小于轴承外径 $\phi90$ mm),内径为 $\phi50$ mm(此段轴径),轴向尺寸根据结构确定,油毡密封挡油板草图如图 5.28 所示。

操作步骤如下。

(1)在装配体 SolidWorks 装配环境下,从 SolidWorks 的 ToolBox 中调出圆锥滚子轴承 30210 ,"插入"→"零部件"→"已有零件"或图标 →单击"浏览"→选择轴承型号→点击 √,将轴承加载到装配环境。

(2)点击"配合"→分别定义轴承内孔与轴径"同轴",轴承右侧端面到箱体内壁的"距离"为 10 mm($\Delta_3 = 8 \sim 12$ mm,暂取 10 mm)→单击√,按设计要求确定轴承在装配体中的位置。

(3)"插入"→"零部件"→"新零件"或图标 →点击"右视基准面"作为草图平面绘制草图→为了便于操作,在剖视图中绘出油毡密封挡油板截面草图,构造线表示蜗轮的轴线,油毡密封挡油板草图如图 5.28 所示→点击图标 ,退出草图→点击特征"旋转基体"→生成油毡密封挡油板模型→点击图标 ,退出零件编辑状态→将该零件更名为"油毡密封挡油板",油毡密封挡油板建模如图 5.29 所示。

(4)在装配界面点击"镜向零部件",以装配体的前视基准面为"镜向基准面",以油毡密封挡油板为"要镜向的零部件"→点击√,生成蜗轮轴上另一侧油毡密封挡油板,蜗轮轴上两侧安装油毡密封挡油板建模如图 5.30 所示。

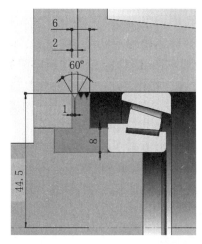

图 5.28　油毡密封挡油板草图　　　　图 5.29　油毡密封挡油板建模

由图 5.30 可知，蜗轮轴安装轴承的轴段 l_3 和 l_6 的长度过短，通过编辑蜗轮轴截面草图，将两段长度分别调整为 50 mm 和 40 mm，蜗轮轴轴段 l_3 和 l_6 的长度调整后的装配关系如图 5.31 所示。

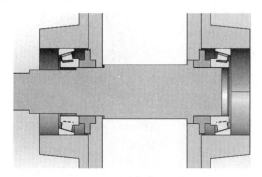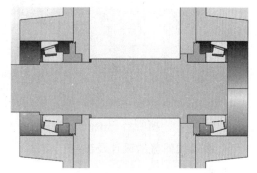

图 5.30　蜗轮轴上两侧安装油毡密封挡油板建模　　　图 5.31　蜗轮轴轴段 l_3 和 l_6 的长度调整后的装配关系

2. 套筒的设计

挡油板设计完成后，在 l_3 段挡油板和蜗轮圆柱端面之间在位设计套筒，其结构建模简单，如图 5.32(a) 所示，在此不再重复，图 5.32(b) 为装配后结构建模。

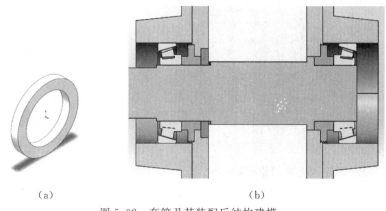

（a）　　　　　　　　　　　　　　（b）

图 5.32　套筒及其装配后结构建模

3. 蜗轮轴透盖的设计及建模

根据图 3.23 中轴承端盖结构推荐的参数,兼顾蜗轮轴承外径 $\phi90$ mm、连接透盖的螺钉 M8、密封圈的内外径等尺寸参数设计出其截面草图,蜗轮轴透盖截面草图如图 5.33 所示。建模操作步骤同蜗杆轴的透盖,此处不再赘述。此外,编辑"蜗轮轴透盖"零件,在其端面绘制草图,通过特征"拉伸切除",形成六个 $\phi9$ mm 均匀分布在 $\phi110$ mm 圆周上的螺钉连接孔,蜗轮轴透盖建模如图 5.34 所示。

蜗轮轴透盖建模后,在装配界面通过"评估"中的"点到点的距离测量"命令可测量出轴段 l_2 伸出透盖端面的距离为 17 mm,蜗轮轴输出端与刚性联轴器相连,满足动件与不动件之间距离 $K = 15$ mm 的要求。因此,蜗轮轴的各轴段长度不再进行调整。

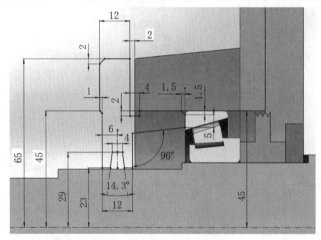

图 5.33　蜗轮轴透盖截面草图

图 5.34　蜗轮轴透盖建模

4. 蜗轮轴闷盖的设计及建模

根据图 3.23 中轴承端盖结构推荐的参数,兼顾轴承外径 $\phi90$ mm、连接闷盖的螺钉 M8 等参数,设计出蜗轮轴闷盖截面草图,如图 5.35 所示,建模操作步骤略。此外,编辑"蜗轮轴闷盖"零件,在其端面绘制草图,通过特征"拉伸切除",形成其六个 $\phi9$ mm 均匀分布在 $\phi110$ mm 圆周上的螺钉连接孔,蜗轮轴闷盖建模如图 5.36 所示。

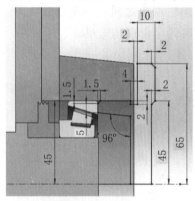

图 5.35　蜗轮轴闷盖截面草图

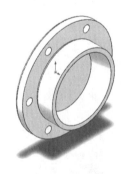

图 5.36　蜗轮轴闷盖建模

在上述设计过程中,随着蜗轮轴上每个零件的设计和建模,逐一修改蜗轮轴初始设计不合理的长度使其满足设计要求,最终确定了蜗轮轴各轴段的长度,蜗轮轴及其轴承组合部件的最终结构建模如图 5.37 所示。

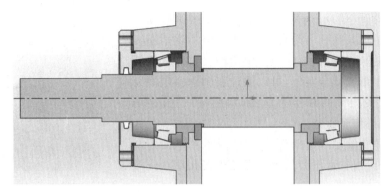

图 5.37　蜗轮轴及其轴承组合部件的最终结构建模

5.5.5　蜗轮轴轴承座旁凸台的设计与建模

1. 机盖轴承座旁凸台的设计与建模

根据设计要求,轴承座旁凸台的高度和大小应保证安装轴承旁连接螺栓时有足够的扳手空间 c_1 和 c_2,且连接螺栓孔不与轴承座孔干涉,通常取凸台螺栓孔中心线与轴承端盖凸缘外圆相切,凸台的高度可以根据 c_1 由建模确定。由表 5.1 可知,轴承旁连接螺栓选取为 M12,$c_1 = 18$ mm,$c_2 = 16$ mm。

操作步骤如下。

(1)在装配体 SolidWorks 装配界面下 →在设计树下点击"机盖"→点击图标　,进入"机盖"编辑状态→点击草图绘制→选择蜗轮轴轴承座端面为草图绘制平面→根据轴承座旁凸台的中心线与轴承端盖凸缘外圆相切的几何关系,绘制轴承座端面圆($\phi 130$ mm)及与其相切的构造线,分别作该构造线的两条实体等距线,距离分别为 $c_1 = 18$ mm 和 $c_2 = 16$ mm ,等距线与 $\phi 130$ mm 圆相交的交点即为凸台上表面投影的起点,过该点作水平线与另一条构造线相交,两交点间的线段即为凸台上表面的投影,可测得凸台的高度为 44.9 mm,轴承旁凸台高度的确定如图 5.38 所示→点击　,退出草图。

(2)点击"插入"→"参考几何体"→"基准面"→ "第一参考"选择步骤(1)作的水平线,条件选"重合";"第二参考"为机盖侧面,条件选"垂直"→点击√,生成蜗轮轴轴承座旁凸台上表面所在的平面。

(3)点击草图绘制→选择步骤(2)建立的基准面为草图绘制平面→绘出轴承座旁凸台上表面草图,如图 5.39 所示→点击图标　,退出草图→点击特征"拉伸凸台","成形到一面"选择机盖下表面,"拔模"选向外拔模,5.71°→点击√,生成一个机盖轴承座旁凸台。

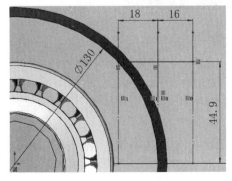

图 5.38　轴承旁凸台高度的确定

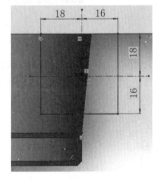

图 5.39　凸台上表面草图

（4）点击特征"镜向"→对称面分别为右视基准面和前视基准面,生成其余三个凸台(具体步骤略),轴承座旁凸台的建模如图 5.40 所示。注意:由于凸台具有拔模斜度,在轴承孔中形成部分实体,可以通过在轴承座端面绘制与轴承孔直径相等的圆作为草图,利用特征"拉伸切除"去掉,详细操作步骤略。

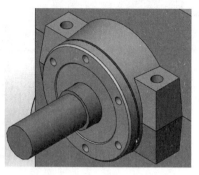

图 5.40　轴承座旁凸台的建模

（5）点击草图绘制→选择步骤(2)建立的基准面为草图绘制平面→绘出轴承座旁凸台上螺栓连接孔草图→点击图标⤶,退出草图→点击特征"拉伸切除",选择完全贯穿→点击√,生成一个轴承座旁凸台的螺栓连接孔。

（6）点击特征"镜向"→对称面分别为右视基准面和前视基准面,生成其余三个螺栓连接孔(具体步骤略),轴承座旁凸台的建模如图 5.40 所示。

2.机座轴承座旁凸台的设计与建模

机座轴承座旁凸台的结构和位置相对于上视基准面完全对称,其建模过程与前述的机盖轴承座旁凸台建模相似,不再重复。值得提示的是,作出机座轴承座旁凸台的下表面所在的草图平面后,其上的草图可以通过"转换实体引用"机盖轴承座旁凸台草图,使建模过程简化。

5.6　轴、轴承及键连接的校核计算

本方案以蜗轮轴为例进行校核计算。蜗轮轴经过上述建模,其结构尺寸草图和受力支点尺寸图分别如图 5.41(a)和 5.41(b)所示。

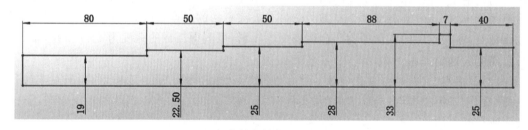

(a)蜗轮轴的结构尺寸草图

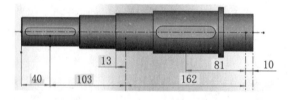

(b)蜗轮轴的受力支点尺寸图

图 5.41　蜗轮轴的结构尺寸草图和受力支点尺寸图

5.6.1　蜗轮轴的受力分析

轴向力为

$$F_{a2} = F_{t1} = \frac{2T_1}{d_1} = \frac{2 \times 1.962 \times 10^4}{63} = 622.857 \ (\text{N})$$

切向力为

$$F_{t2} = \frac{2T_2}{d_2} = \frac{2 \times 2.712 \times 10^5}{190} = 2\ 854.737\ (\text{N})$$

向心力为

$$F_{r2} = F_{r1} = F_{a1}\tan\alpha = F_{t2}\tan\alpha = \frac{2 \times 2.712 \times 10^5}{190} \times \tan 20° = 1\ 039.039\ (\text{N})$$

蜗轮轴的受力简图如图 5.42 所示,图中数据已取整,$L_1 = 81\ \text{mm}$,$L_2 = 81\ \text{mm}$。

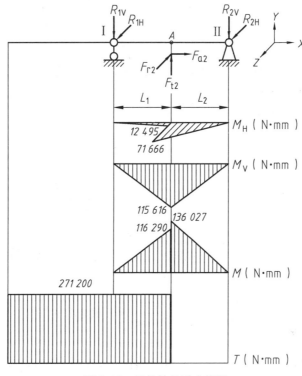

图 5.42　蜗轮轴的受力简图

在水平面上

$$R_{2H} = \frac{F_{r2}L_1 + F_{a2}d_2/2}{L_1 + L_2} = \frac{1\ 039.039 \times 81 + 622.857 \times 190/2}{81 + 81} = 884.775\ (\text{N})$$

$$R_{1H} = F_{r2} - R_{2H} = 1\ 039.039 - 884.775 = 154.264(\text{N})$$

在垂直平面上

$$R_{1V} = R_{2V} = F_{t2}/2 = 2\ 854.737/2 = 1\ 427.368\ (\text{N})$$

故轴承 I 上的总支承反力为

$$F_{R1} = \sqrt{R_{1V}^2 + R_{1H}^2} = \sqrt{154.264^2 + 1\ 427.368^2} = 1\ 435.680\ (\text{N})$$

轴承 II 上的总支承反力为

$$F_{R2} = \sqrt{R_{2H}^2 + R_{2V}^2} = \sqrt{884.775^2 + 1\ 427.368^2} = 1\ 679.347\ (\text{N})$$

故在水平面上,$A—A$ 剖面左侧

$$M_{AH1} = R_{1H}L_1 = 154.264 \times 81 = 12\ 495.384(\text{N} \cdot \text{mm})$$

$A—A$ 剖面右侧

$$M_{AH2} = R_{2H}L_2 = 884.775 \times 81 = 71\ 666.775(\text{N} \cdot \text{mm})$$

在竖直平面上

$$M_{AV1} = M_{AV2} = R_{1V} L_1 = 1\ 427.368 \times 81 = 115\ 616.808 (\text{N} \cdot \text{mm})$$

由于 L_1 与 L_2 长度相同,故竖直面上的 M_{AV1} 与 M_{AV2} 相等。

故合成弯矩,A—A 剖面左侧

$$M_{A1} = \sqrt{M_{AH1}^2 + M_{AV1}^2} = 116\ 290.072 (\text{N} \cdot \text{mm})$$

A—A 剖面右侧

$$M_{A2} = \sqrt{M_{AH2}^2 + M_{AV2}^2} = 136\ 027.104 (\text{N} \cdot \text{mm})$$

5.6.2 蜗轮轴的强度校核

A—A 剖面左侧因弯矩较大、有转矩,还有键槽引起的应力集中,故 A—A 剖面左侧为危险截面。根据表 5.3,该轴上加工键槽的尺寸为 $b = 16$ mm,$t = 6$ mm,由参考文献[1]表 9.6 可得,该危险截面的抗弯剖面模量为

$$W = 0.1\ d^3 - \frac{bt\ (d-t)^2}{2d} = 0.1 \times 56^3 - \frac{10 \times 5 \times (56-5)^2}{2 \times 56} = 16\ 400.439\ (\text{mm}^3)$$

抗扭剖面模量为

$$W_T = 0.2\ d^3 - \frac{bt\ (d-t)^2}{2d} = 0.2 \times 56^3 - \frac{10 \times 5 \times (56-5)^2}{2 \times 56} = 33\ 962.039 (\text{mm}^3)$$

左侧截面弯曲应力为

$$\sigma_b = \frac{M}{W} = \frac{116\ 290.072}{16\ 400.439} = 7.09 (\text{MPa}), \quad \sigma_a = \sigma_b = 7.09 (\text{MPa}), \quad \sigma_m = 0$$

扭剪应力为

$$\tau_T = \frac{T}{W_T} = \frac{2.712 \times 10^5}{33\ 962.039} = 7.99 (\text{MPa})$$

$$\tau_m = \tau_T / 2 = 7.99/2 = 3.99 (\text{MPa}), \quad \tau_a = \tau_T = 7.99 (\text{MPa})$$

对于调质处理的 45 钢轴,根据参考文献[1]表 9.3,查得 $\sigma_b = 650$ MPa,$\sigma_{-1} = 300$ MPa,$\tau_{-1} = 155$ MPa,选取材料的等效系数 $\psi_\sigma = 0.2$,$\psi_\tau = 0.1$。根据参考文献[1]表 9.11,键槽引起的应力集中系数,按 $\sigma_b = 650$ MPa 用插值法求得 $K_\sigma = 1.83$,$K_\tau = 1.63$,再按参考文献[1]表 9.12 确定绝对尺寸系数,查得 $\varepsilon_\sigma = 0.81$,$\varepsilon_\tau = 0.76$。

当轴磨削加工时,表面质量系数 β 由表面状态系数确定,根据参考文献[1]表 9.9 查得 $\beta = 1$。故安全系数

$$S_\sigma = \frac{\sigma_{-1}}{\frac{K_\sigma}{\beta \varepsilon_\sigma} \sigma_a + \psi_\sigma \sigma_m} = \frac{300}{\frac{1.83}{1 \times 0.81} \times 7.09 + 0.2 \times 0} = 18.729$$

$$S_\tau = \frac{\tau_{-1}}{\frac{K_\tau}{\beta \varepsilon_\tau} \tau_a + \psi_\tau \tau_m} = \frac{155}{\frac{1.63}{1 \times 0.76} \times 7.99 + 0.1 \times 3.99} = 8.839$$

$$S = \frac{S_\sigma S_\tau}{\sqrt{S_\sigma^2 + S_\tau^2}} = \frac{18.729 \times 8.839}{\sqrt{18.729^2 + 8.839^2}} = 7.994$$

根据参考文献[1]表 9.13,查得许用安全系数 $[S] = 1.3 \sim 1.5$,显然 $S > [S]$,故 A—A 剖面安全。

5.6.3　蜗轮轴上键连接的强度校核

联轴器处键连接的挤压应力为

$$\sigma_p = \frac{4T_2}{dhl} = \frac{4 \times 2.712 \times 10^5}{38 \times 8 \times (70-10)} = 59.474(\text{MPa})$$

式中　d——键连接处直径，mm；

$\quad\quad T_2$——传递的转矩，N·mm；

$\quad\quad h$——键的高度，mm；

$\quad\quad l$——键连接的计算长度，mm。

键、轴、联轴器的材料均为钢，根据参考文献[1]表 4.1，查得 $[\sigma_p] = 125 \sim 150$ MPa，显然 $\sigma_p < [\sigma_p]$，故强度足够。

齿轮处键连接的挤压应力为

$$\sigma_p = \frac{4T_2}{dhl} = \frac{4 \times 2.712 \times 10^5}{56 \times 8 \times (80-16)} = 37.835(\text{MPa})$$

键、轴、齿轮的材料均为钢，同上查得 $[\sigma_p] = 125 \sim 150$ MPa。显然，$\sigma_p < [\sigma_p]$，故强度足够。

5.6.4　蜗轮轴轴承寿命校核

蜗轮轴轴承的受力简图如图 5.43 所示。由参考文献[1]表 12.4 查得，额定动载荷 $C_r = 73\ 300$ N，圆锥滚子轴承 30210 计算系数 $Y = 1.4$，$e = 0.42$，则圆锥滚子轴承 30210 内部轴向力为

$$F_{S1} = \frac{F_{R1}}{2Y} = \frac{1\ 435.680}{2 \times 1.4} = 512.743(\text{N}),\quad F_{S2} = \frac{F_{R2}}{2Y} = \frac{1\ 679.347}{2 \times 1.4} = 559.767(\text{N})$$

F_{S1} 及 F_{S2} 的方向如图 5.43 所示，F_{S1} 与蜗轮轴受到轴向载荷 F_A 同向，则

$$F_{S1} + F_A = 512.743 + 622.857 = 1\ 135.6(\text{N})$$

显然，$F_{S1} + F_A > F_{S2}$，因此轴有向右移动的趋势，但由轴承部件的结构图分析可知轴承 Ⅱ 将保持平衡，故两轴承的轴向力分别为

$$F_{A2} = F_{S1} + F_A = 1\ 135.6(\text{N}),\quad F_{A1} = F_{S1} = 512.743(\text{N})$$

比较两轴承的受力，故只需校核轴承 Ⅱ。

图 5.43　轴承的受力简图

因为 $F_{A2}/F_{R2} = 1\ 135.6/1\ 679.347 = 0.676 > e$，所以 $X = 0.4$，$Y = 1.4$。则轴承 Ⅱ 的计算当量动载荷为

$$F_2 = XF_{R2} + YF_{A2} = 0.4 \times 1\ 679.347 + 1.4 \times 1\ 135.6 = 2\ 261.579(\text{N})$$

当轴承在 100 ℃ 以下工作，查参考文献[2]表 10.10 得 $f_T = 1$。由减速器的工作情况，查参考文献[2]表 10.11 得载荷系数 $f_P = 1$。故轴承 Ⅱ 的寿命为

$$L_{10\,h} = \frac{10^6}{60n}\left(\frac{f_T \times C_r}{f_P \times F_2}\right)^{\varepsilon} = \frac{10^6}{60 \times 50}\left(\frac{1 \times 73\ 300}{1 \times 2\ 261.579}\right)^{10/3} = 3.6 \times 10^7(\text{h})$$

已知减速器使用 5 年,两班制工作,则预期寿命 $L'_h = 16 \times 250 \times 5 = 2 \times 10^4$ (h),显然 L_{10h} 远大于 L'_h,故轴承寿命满足要求。

5.6.5 蜗杆减速器的热平衡计算

蜗杆减速器所需散热面积为

$$A_{xu} = \frac{1\,000 P_1 (1 - \eta)}{K_s (t - t_0)}$$

该蜗杆减速器工作环境是清洁,取油温 $t = 80 ℃$,周围空气温度 $t_0 = 20 ℃$,由参考文献[2]可知通风条件良好,取散热系数 $K_s = 17.5$ W/(m^2·C),传动效率为 $\eta = 0.75$,则

$$A_{xu} = \frac{1\,000 P_1 (1 - \eta)}{K_s (t - t_0)} = \frac{1\,000 \times 1.931 \times (1 - 0.75)}{17.5 \times (80 - 20)} = 0.46 \ (m^2)$$

蜗杆减速器散热面积包括以下几部分。

(1)箱体外表面散热面积。

$A_1 = 2 \times (0.26 \times 0.14 + 0.14 \times 0.362 + 0.362 \times 0.26) - 0.26 \times 0.14 = 0.326(m^2)$

(2)箱体凸缘和筋板的散热面积。

①上下箱体连接凸缘散热面积 A_2。

$$A_2 = 2 \times (0.32 \times 0.2 + 0.2 \times 0.03 + 0.03 \times 0.32) - 2 \times$$
$$(0.26 \times 0.14 + 0.14 \times 0.03 + 0.03 \times 0.26) = 0.062 \ (m^2)$$

②地脚凸缘散热面积 A_3。

$A_3 = 0.26 \times 0.244 + 2 \times 0.244 \times 0.025 - 0.26 \times 0.14 - 2 \times 0.14 \times 0.025 = 0.032(m^2)$

③筋板散热面积 A_4。

$$A_4 = (0.148 \times 0.036) \times 2 = 0.011(m^2)$$

(3)蜗轮轴承座外表面散热面积 A_5。

$$A_5 = 2 \times \pi \times 0.136 \times 0.054 = 0.046(m^2)$$

总散热面积 A 为

$$A = A_1 + A_2 + A_3 + A_4 + A_5$$
$$= 0.326 + 0.062 + 0.032 + 0.011 + 0.046 = 0.477(m^2) > A_{xu}$$

即蜗杆减速器的散热满足散热需求。

5.7 箱体的其他结构的三维设计与建模

5.7.1 机盖的其他结构设计与建模

1.机盖凸缘的设计与建模

根据表 5.1 可知,机盖、机座凸缘厚度分别为 b 和 b_1,$b = b_1 = 15$ mm,本设计机盖、机座壁厚相同,所以,将箱体外壁轮廓向外等距 $c_1 + c_2$,即为机座凸缘的轮廓,$c_1 + c_2 = 16 + 14 = 30(mm)$;机盖、机座连接螺栓选取为 4 个 M10 的螺栓连接。

操作步骤如下。

(1)在 SolidWorks 装配体装配界面下 → 在设计树下点击"机盖" → 点击图标 ，进入"机盖"编辑状态 → 点击草图绘制 → 选择机盖底面为草图绘制平面 → 绘出机盖凸缘草图,如

图 5.44 所示→点击 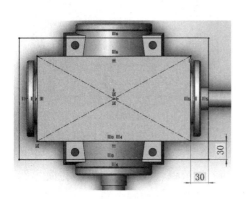，退出草图→点击特征"拉伸凸台"，给定深度 15 mm，向上拉伸形成机盖的凸缘。

（2）点击草图绘制→点击机盖凸缘的上表面为草图绘制平面→绘出机盖凸缘上螺栓连接孔草图，如图 5.45 所示→点击图标 ，退出草图→点击特征"拉伸切除"，选择完全贯穿→点击√，生成机盖的凸缘螺栓连接孔→单击 ，退出零件编辑状态。

图 5.44　机盖凸缘草图

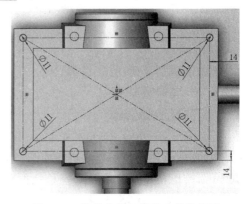

图 5.45　机盖凸缘上螺栓连接孔草图

2. 机盖支承筋的设计

根据机盖的受力状态，机盖不需设置支承筋。

5.7.2　机座的其他结构设计与建模

1. 机座凸缘的设计与建模

机座凸缘的设计尺寸与机盖相同，建模与机盖凸缘相似；也可以将机座上表面作为机座凸缘的草图平面，直接通过"转换实体引用"机盖凸缘的截面草图，使建模过程简化，在此不再赘述。

2. 机座底凸缘的设计和地脚螺栓孔的布置及其建模

机座底凸缘承受很大的倾覆力矩，应牢固地固定在机架或地基上。因此，所设计的地脚座凸缘应有足够的强度和刚度。为了增加机座底凸缘的刚度，常取凸缘的厚度 $p = 2.5\delta$，δ 为机座的壁厚，凸缘的宽度按地脚螺栓直径 d_f，由扳手空间 c_1 和 c_2 的大小确定，其中宽度 B_1 应超过机座的内壁，以增加结构的刚度。本例中，地脚螺栓取 M16，$\delta = 10$ mm，则 $p = 25$ mm；$c_1 = 22$ mm，$c_2 = 20$ mm，$B_1 = 60$ mm；因此确定了机座底凸缘的尺寸。

为了增加地脚螺栓的连接刚度，地脚螺栓孔的间隔距离不应太大，一般距离为 $50\sim200$ mm。地脚螺栓的数量通常取 $4\sim8$ 个，因此本例取 4 个地脚螺栓，从而确定了机座地脚凸缘上地脚螺栓的尺寸。

操作步骤如下。

（1）在装配体 SolidWorks 装配界面下 →在设计树下点击"机座"→点击图标 ，进入"机座"编辑状态→点击草图绘制→选择机座底面为草图绘制平面→绘出机座底凸缘草图如图 5.46 所示→点击特征"拉伸凸台"，给定深度 5 mm→单击 ，退出草图，形成机座底凸缘底部。

（2）点击草图绘制→点击机座底凸缘的上表面为草图绘制平面→绘出机座底凸缘上表面草图，如图 5.47 所示→点击图标 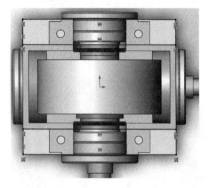，退出草图→点击特征"拉伸凸台"，给定深度为 20 mm→点击√，生成机座凸缘。

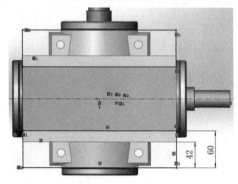

图 5.46　机座底凸缘草图

图 5.47　机座底凸缘上表面草图

（3）点击草图绘制→点击机座底凸缘上表面为草图绘制平面→根据 c_1 和地脚螺栓孔距 220 mm，绘出机座底凸缘地脚螺栓孔位草图如图 5.48 所示→ 点击特征"异形孔向导"，孔类型选沉孔，规格选 M16，终止条件为完全贯穿；点的位置选矩形的四个角点→生成 4 个地脚螺栓沉孔，机座底凸缘地脚螺栓孔建模如图 5.49 所示。

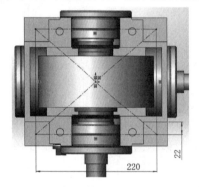

图 5.48　机座底凸缘地脚螺栓孔位草图

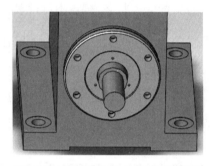

图 5.49　机座底凸缘地脚螺栓孔建模

3. 蜗轮轴轴承座支承筋的设计与建模

为了提高机座轴承座的刚性，可在其下方设置支承筋，其厚度为 $m \approx 0.85\delta$，取 9 mm。操作步骤如下。

（1）在装配体 SolidWorks 装配界面下→在设计树下点击"机座"→点击图标 ，进入"机座"编辑状态→点击草图绘制→选择机座的右视基准面为草图绘制平面→绘出蜗轮轴轴承座支承筋草图，如图 5.50 所示→点击特征"筋"，给定宽度 9 mm，方向选"平行于草图"→点击√，形成蜗轮轴轴承座支承筋建模，如图 5.51 所示。

（2）点击特征"镜向"，选择对称面→点击√，生成机座轴承座另一侧的支撑筋→单击 ，退出零件编辑状态。

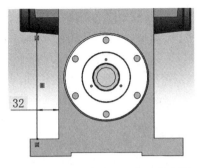

图 5.50　蜗轮轴轴承座支承筋草图　　　　图 5.51　蜗轮轴轴承座支承筋建模

4.蜗杆轴承座支承筋的设计与建模

为了增加蜗杆轴内伸轴承座的刚度,可通过特征"筋",在其下方添加厚度为 9 mm 的肋板,蜗杆内伸轴承座肋板建模如图 5.52 所示,方法同前,详细操作步骤略。

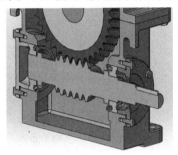

图 5.52　蜗杆内伸轴承座肋板建模

5.8　减速器附件的三维设计与建模

5.8.1　窥视孔和窥视孔盖的设计与建模

窥视孔设置在减速器机盖的上表面,窥视孔凸台选择 5 mm,盖板选择铸铁 HT200,厚度 6 mm,选择 4 个 M6×15 六角头螺钉紧固,盖板下面加 2 mm 厚防渗垫片。根据参考文献[3]表 14－7,可得窥视孔及盖板的基本尺寸,具体参数略,绘制窥视孔凸台的草图如图 5.53 所示,建模步骤略,窥视孔盖和防渗垫片的建模如图 5.54、图 5.55 所示。此外,机盖窥视孔处可通过"转换实体引用",点击窥视孔盖内方孔轮廓边线,作出其上表面草图,采用"拉伸切除"形成机盖窥视方孔,建模过程略。

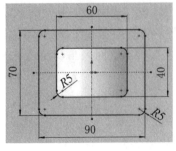  

图 5.53　窥视孔凸台的草图　　　图 5.54　窥视孔盖的建模　　　图 5.55　防渗垫片的建模

5.8.2 通气器的选择与建模

通气器选择简易通气器,规格为 M20×1.5,其尺寸可按参考文献[3]表 14−8 确定,可直接在零件图中建模,通过配合加入装配体中,建模过程略,简易通气器的建模如图 5.56 所示。

5.8.3 放油螺塞的选择、放油孔的设计及其建模

在机座底部油池最低位置开设放油孔,选择 M20×1.5 带有细牙螺纹的放油螺塞,放油螺塞和油圈的具体尺寸,可根据参考文献[3]表 14−14 确定。因此,可在 SolidWorks 的零件界面直接建模,放油螺塞和油圈的建模如图 5.57 和 5.58 所示,可通过配合添加到装配体中,操作步骤略。

图 5.56　简易通气器的建模　　图 5.57　放油螺塞的建模　　图 5.58　油圈的建模

为了便于加工,放油孔处应有凸台,在凸台端面经机械加工成沉孔作为放油螺塞头部的支承面,根据油塞和油圈的尺寸并考虑换油方便,在机座前面下方偏向蜗杆轴闷盖一侧设计放油孔,并在此处箱体底部设计出凹槽,建模步骤略,油塞和油圈的装配建模如图 5.59 所示。

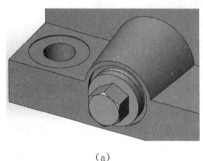 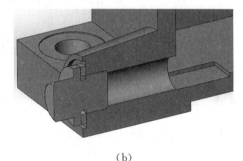

(a)　　　　　　　　　　　　　　　　　(b)

图 5.59　油塞和油圈的装配建模

5.8.4 油面指示器的选择及其装配结构建模

本设计采用杆式油标,与机座连接螺纹为 M16,根据参考文献[3]表 14−13,可查出杆式油标的尺寸,由于是标准件,可根据尺寸直接创建零件三维模型(建模简单不再赘述)。油标的建模如图 5.60 所示,通过配合添加到装配体中,考虑检测方便且避免干涉,安装位置设置在蜗轮轴闷盖一侧的机座壁上(装配体的后面),螺纹轴线与机座壁间夹角初步选取 60°,安装油标的结构建模如下。

操作步骤如下。

(1)在装配体 SolidWorks 装配界面下→在设计树下点击"机座"→点击图标 🔩,进入"机座"编辑状态→点击草图绘制→选择蜗轮轴闷盖一侧的机座壁为草图绘制平面→绘制一条水平构造线,其距箱体底面的距离为 115 mm→单击 ↰,退出草图,绘出建模辅助线(此

线实际上就是杆式油标凸台上表面与机座侧壁的交线)。

(2)点击"插入"→"参考几何体"→"基准面",过步骤(1)作的构造线且与机座侧壁夹角120°→点击√,形成"基准面 2"。

(3)点击草图绘制→选择"基准面 2"为草图绘制平面→绘出油标凸台上表面草图,如图 5.61 所示→点击图标 ，退出草图→点击特征"拉伸凸台",选择"成形到下一面"→点击 √,形成油标凸台的结构。

(4)点击草图绘制→选择"基准面 2"为草图绘制平面→绘出油标凸台上表面沉孔草图 $\phi25$ mm→点击特征"拉伸切除",给定深度 2 mm,→点击√,形成油标凸台的沉孔。油标凸台建模如图 5.62 所示。

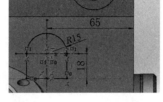

图 5.60　油标的建模　　　图 5.61　油标凸台上表面草图　　　图 5.62　油标凸台建模

(5)点击"插入"→"参考几何体"→"基准轴",点击油标凸台圆柱面→点击√,形成"基准轴 1"。

(6)点击"插入"→"参考几何体"→"基准面",过"基准轴 1"且与机座侧壁垂直→点击 √,形成"基准面 3"。

(7)点击草图绘制→选择"基准面 3"为草图绘制平面→绘出油标凸台内腔圆柱孔草图,如图 5.63 所示→点击特征"旋转切除"→点击√,形成油标凸台的内腔。

(8)点击特征"异形孔向导"→选择 M16 螺纹,终止条件为成形到下一面,"位置"选择凸台的沉孔表面,捕捉沉孔中心→点击√,形成油标凸台的螺纹孔。

(9)"插入"→"零部件"→"现有零件"→"浏览"→选择杆式油标,单击√→在装配体中加入杆式油标→点击"配合"→分别定义油标与螺纹孔"同轴"和端面"重合"的配合关系,点击 √→将杆式油标装配到油标凸台螺纹孔中。杆式油标的装配建模如图 5.64 所示。

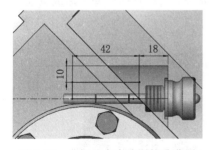

图 5.63　油标凸台内腔圆柱孔草图　　　　　(a)　　　　　　　　(b)

图 5.64　杆式油标的装配建模

值得注意的是,油标装配后可以通过在装配环境下,"评估"标签按钮→点击"测量",选 "点到点"测量相关尺寸,以判断初定的油标凸台的高度和左右位置是否合适,以免发生干 涉。如果不满足要求,可以通过调整凸台高度,左右的位置或倾斜的角度等数值满足要求。

本方案经测量发现在油面高度 60.5 mm 情况下,最高油面和最低油面比油面高度分别高于或低于一个齿高 10 mm 不能满足要求。因此,调整凸台上表面与侧壁的夹角由 120° 变为 135°,为了保证凸台壁厚 10 mm,将凸台半径由 $R15$ 调整为 $R20$,满足了设计要求。油标杆最高液面高度和最低液面高度的调整如图 5.65 所示。

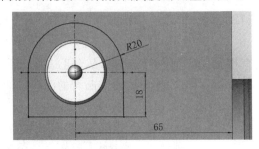

（a）调整后凸台上表面草图

（b）调整后杆式油标的装配建模

（c）调整后凸台建模

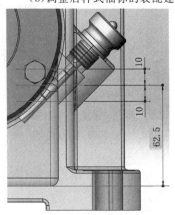

（d）油标杆液面高度的调整

图 5.65　油标杆最高液面高度和最低液面高度的调整

5.8.5　吊耳和吊钩的设计与建模

1. 机盖吊耳的结构与建模

机盖吊耳采用图 3.5(d)方案,根据机盖壁厚 $\delta_1 = 10$ mm,在前视基准面上绘制草图,根据算出的吊耳在对称面上的尺寸,以该尺寸作为建模草图,通过对称拉伸凸台即可形成机盖的吊耳,机盖吊耳的草图如图 5.66 所示,机盖吊耳的建模如图 5.67 所示,具体建模操作步骤略。

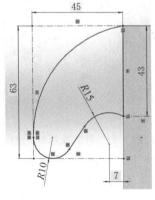

图 5.66　机盖吊耳的草图

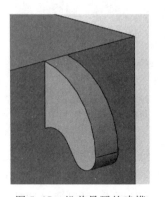

图 5.67　机盖吊耳的建模

2. 机座吊耳的结构与建模

机座吊耳采用图 3.6(a)方案,根据机座壁厚 $\delta=10$ mm,可以算出吊耳在对称面上的尺寸,以该尺寸作为建模草图,通过方向对称拉伸凸台,距离为 20 mm,即可形成机座的吊耳,机座吊耳的草图如图 5.68 所示,机座吊耳的建模如图 5.69 所示,具体操作步骤略。

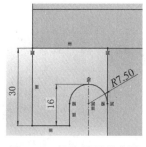

图 5.68　机座吊耳的草图

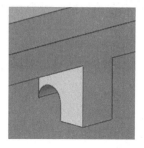

图 5.69　机座吊耳的建模

5.8.6　定位销的选择与建模

采用圆锥销作为定位销,为了保证定位效果,两个定位销间距离尽量远,且不宜对称布置,定位销的直径一般取 $d=(0.7\sim0.8)d_2$,d_2 为机盖和机座连接螺栓的直径,其长度应大于机盖和机座连接凸缘的总厚度,便于装拆。圆锥销是标准件,可参考文献[1]表 11.29 国家标准选用。

本设计中,$d_2=10$ mm,$b+b_1=30$ mm,则 $d=7\sim8$ mm,选取 $d=\phi8$ mm 的圆锥销,长 $l=35$ mm,标记为:销 GB/T 117—2000 8× 35。由于圆锥销是标准件,在装配界面可直接从 SolidWorks 的 ToolBox 中调用,圆锥销的建模如图 5.70 所示。圆锥销在上盖凸缘和机座凸缘结合面上的孔位及其中间平面草图如图 5.71 所示,图中同时

图 5.70　圆锥销的建模

绘出了定位销长度方向中间平面上圆($d_m=\dfrac{l}{100}+d=8.35$ mm)的草图,上盖凸缘和机座凸缘的销孔建模时,分别按此圆向上和向下"拉伸切除"并设置与圆锥销相同的拔模斜度 (0.573°)。注意:机座在结合面直接设置向下拔模即可,而机盖在结合面应设置向上且向外拔模,操作过程略,图 5.72 为圆锥销孔的建模。

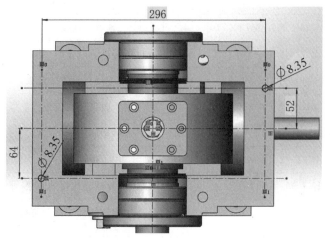

图 5.71　圆锥销孔位及其中间平面草图

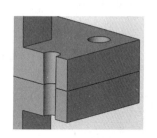

图 5.72　圆锥销孔的建模

5.8.7 启盖螺钉的选择与建模

本设计采用两个 M10 的启盖螺钉,其长度为 30 mm,其建模可将机座凸缘连接螺钉的端部做成圆柱形,启盖螺钉的建模如图 5.73 所示。启盖螺钉的位置设置在机盖凸缘上且便于操作的边缘处,启盖螺钉的孔位草图如图 5.74 所示。

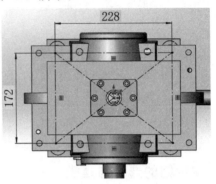

图 5.73 启盖螺钉的建模 　　　　图 5.74 启盖螺钉的孔位草图

5.8.8 螺纹连接及键连接的建模

减速器的螺栓连接、螺钉连接及键连接较多,为了便于装配,一级蜗杆减速器螺纹紧固件连接及键连接中的标准件见表 5.4。螺纹紧固件和键都是标准件,装配时直接在 Solid-Works 的 ToolBox 中调用即可。箱体上的各种用于螺纹连接的沉孔、螺纹孔、光孔都可以通过"异形孔向导"建模,然后根据其分布特点进行"镜向"或"阵列"。相同规格的螺纹连接,可以通过先完成一组螺纹紧固件的装配,然后使用镜向、阵列、按配合复制等功能,批量装配,以便提高建模效率。轴上的键槽可以通过在装配环境下的设计树下,点击被编辑的轴,点击单独编辑零件的图标 ,即可进入该轴的零件建模状态,选择参考平面,在其上绘出键槽的草图,然后进行"拉伸切除"即可。键可以应用各种"配合"装配到轴上,不再赘述。

表 5.4　一级蜗杆减速器螺纹紧固件连接及键连接中的标准件　　　　mm

名　称	代　号	数量	用　途
地脚螺钉 d_f	螺栓 GB/T 5780—2016 M16×50	4	减速器安装、固定
轴承旁连接螺栓直径 d_1	螺栓 GB/T 5780—2016 M12×110	4	轴承座连接
机盖与机座连接螺栓直径 d_2	螺栓 GB/T 5780—2016 M10×45	4	机座与机盖凸缘的连接
轴承端盖螺钉直径 d_3	螺栓 GB/T 5781—2016 M8×20	24	透盖和闷盖与箱体的连接
窥视孔盖螺钉直径 d_4	螺栓 GB/T 5781—2016 M6×15	4	用于固定窥视盖板
定位销直径 d	销 GB/T 117—2000 8×35	2	机盖拆卸后再安装定位
启盖螺钉	螺栓 GB/T 5781—2016 M10×30	2	用于拆卸机盖
弹簧垫圈	垫圈 GB/T 93—1987 10	4	机盖螺栓凸缘连接的防松
弹簧垫圈	垫圈 GB/T 93—1987 12	4	机盖轴承座螺栓连接的防松
六角螺母	螺母 GB/T 41—2016 M10	4	机盖螺栓凸缘连接

续表 5.4　　　　　　　　　　　　　　　　　　　　　　　　mm

名　称	代　号	数量	用　途
六角螺母	螺母 GB/T 41—2016 M12	4	机盖轴承座螺栓连接
键（$t_1 = 5$）	GB/T 1096—2003 键 $10 \times 8 \times 70$	1	连接蜗轮轴与工作机联轴器
键（$t_1 = 6$）	GB/T 1096—2003 键 $16 \times 10 \times 80$	1	蜗轮轴与蜗轮的连接
键（$t_1 = 4$）	GB/T 1096—2003 键 $8 \times 7 \times 56$	1	连接蜗杆轴与电动机联轴器

5.9　蜗轮与蜗杆的三维设计与建模

蜗轮的分度圆直径 $d = 190$ mm，为了节约比较贵重的青铜材料，蜗轮的结构采用装配式，按照参考文献[5]图号 16 设计蜗轮结构，蜗轮的主要结构参数见表 5.5。

表 5.5　蜗轮的主要结构参数　　　　　　　　　　　　　　　　　　　mm

符号	计算公式	设计值	符号	计算公式	设计值
d	蜗轮轴径	56	d_4	$(1.2 \sim 1.5)m$	6
z_1	蜗杆的头数	2	l_1	$(2 \sim 3)d_4$	18
d_3	$(1.6 \sim 1.8)d$	90	e	$2 \sim 3$	2
b_2	$b_2 \leqslant 0.75\, d_{a1}（z_1 = 2 \sim 3$ 时）	50	d_5	$d_2 - 2.4m - 2a$	158
a	$2m \geqslant 10$	13.5	n	$2 \sim 3$	2
b	$2m \geqslant 10$	13.5	D_w	$\leqslant d_{a2} + 1.5m（z_1 = 2 \sim 3$ 时）	214
R_1	$0.5(d_1 + 2.4m)$	37.5	l	$(1.2 \sim 1.8)d$	90
R_2	$0.5(d_1 - 2m)$	26.5	c	$1.7m \geqslant 10$	10
d_2	$m z_2$	190	D_0	$0.5(d_5 - 2b + d_3)$	112
d_{a2}	$d_2 + 2(1 + x)m$	207	d_0	由结构确定	10

在减速器装配体初期建模时，蜗轮部分以蜗轮外圆为直径、轮毂宽度为轴向长度的圆柱体作为其初步建模，该圆柱体与蜗轮轴和蜗杆轴之间的相对位置是分别通过同轴、重合、距离（中心距）等约束实现的，与圆柱体的外圆柱面直径无关。因此，在主要的结构设计和一系列校核通过后，可以直接在圆柱体上进行蜗轮轮芯的建模，然后进行蜗轮轮缘的建模，蜗轮轮芯的旋转切除草图和建模如图 5.75(a)和图 5.75(b)所示，详细步骤略。

根据表 5.5 的参数构建的蜗轮轮缘的建模如图 5.76 所示，蜗轮装配建模如图 5.77 所示。

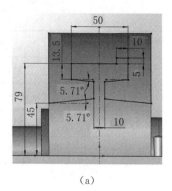
（a）

（b）

图 5.75　蜗轮轮芯的旋转切除草图和建模

图 5.76　蜗轮轮缘的建模　　　　图 5.77　蜗轮装配建模

同理,蜗杆螺旋齿部分的建模可根据表 4.1 的主要几何尺寸,用以齿顶圆为直径、旋合长度为轴向长度的圆柱体作为其初步建模。因此,在主要的结构设计和一系列校核通过后,可以直接在圆柱体上进行蜗杆的建模。蜗杆轴螺旋齿部分,采用以分布在 $\phi63$ mm(蜗杆分度圆直径)圆上的螺旋线为路径(恒定螺距为 31.42 mm,圈数为 4 圈,逆时针),蜗杆轴螺旋齿建模中"切除扫描"草图如图 5.78 所示,进行特征"切除扫描",然后将形成的特征进行"圆周阵列","数目"为 2(蜗杆的头数),即可形成蜗杆螺旋齿部分的建模,详细步骤略。蜗杆轴的建模如图 5.79 所示。

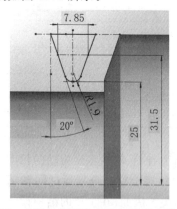

图 5.78　蜗杆轴螺旋齿建模中"切除扫描"草图　　　图 5.79　蜗杆轴的建模

5.10　减速器三维模型的完善

在减速器的主要结构设计建模和校核通过,且完成所有建模装配之后,对整个模型进行细致的检查。检查无误后,可在装配环境下编辑某零件,对零件的结构进行细化。例如,轴端倒角为 C1,轴肩倒圆为 $R0.5$,轴承座旁凸台边线圆角为 $R16$,机座和机盖的铸造圆角为

$R2 \sim R5$,套筒和挡油板视安装方向孔口倒角为 $C1$,齿轮的孔口倒角为 $C1$ 等;然后添加外观特性,添加材料属性等,以便后续的渲染工作,以及质心求解,甚至进行有限元分析。

在装配环境下编辑某零件的步骤是:在设计树下,点击某零件后出现单独编辑零件的图标,点击该图标即可进入该零件建模界面,对该零件的结构进行编辑和修改。

完善后的一级蜗杆减速器三维模型如图 5.80 所示。

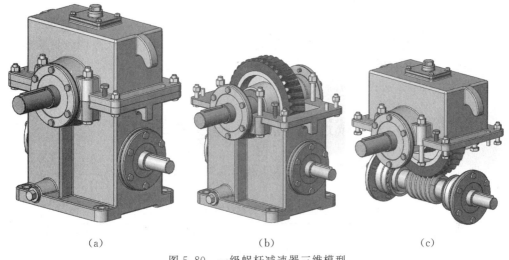

(a)　　　　　　　　　　(b)　　　　　　　　　　(c)

图 5.80　一级蜗杆减速器三维模型

5.11　减速器三维模型的爆炸图

为了形象地表达各个零件之间的装配关系和安装顺序及减速器装配体的内部结构,可以生成装配体的爆炸视图。一级蜗杆减速器的爆炸图如图 5.81 所示,具体方法略。

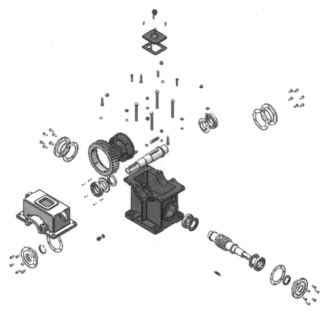

图 5.81　一级蜗杆减速器的爆炸图

第 6 章　二级圆柱齿轮减速器的三维设计

本章的设计根据方案二的要求进行,在方案二中选用的二级展开式圆柱齿轮减速器是最常用减速器之一。它的三维设计和建模步骤与一级蜗杆减速器的三维设计和建模步骤基本相同,设计和建模方法相同的部分将简化介绍。

6.1　减速器机体结构尺寸的设计

根据二级齿轮减速器中心距,参考表 3.1 和表 3.2,二级圆柱齿轮减速器铸铁机体的结构尺寸见表 6.1。

表 6.1　二级圆柱齿轮减速器铸铁机体的结构尺寸　　　　　　　　　　　mm

名称	符号	尺寸关系	尺寸设计值
机座壁厚	δ	$0.025a + 3 \geqslant 8$	10
机盖壁厚	δ_1	$0.02a + 3 \geqslant 8$	10
机座凸缘厚度	b	1.5δ	15
机盖凸缘厚度	b_1	$1.5\delta_1$	15
机座底凸缘厚度	p	2.5δ	25
地脚螺钉直径	d_f	$0.036a + 12$	M16
地脚螺钉数目	n	$n \geqslant 4$	$n = 6$
轴承旁连接螺栓直径	d_1	$0.75 d_f$	M12
机盖与机座连接螺栓直径	d_2	$(0.5 \sim 0.6) d_f$	M10
连接螺栓 d_2 的间距	l	$150 \sim 200$	视结构确定
轴承端盖螺栓直径	d_3	$(0.4 \sim 0.5) d_f$	M8
窥视孔盖螺栓直径	d_4	$(0.3 \sim 0.4) d_f$	M6
定位销直径	d	$(0.7 \sim 0.8) d_2$	6
d_f、d_1、d_2 至外壁距离	c_1	查表 3.2	22、22、22
d_f、d_1、d_2 至凸缘距离	c_2	查表 3.2	23、18、18
轴承旁凸台半径	R_1	c_2	18
凸台高度	H_t	以便于扳手操作为准	根据轴承确定
铸造箱体与轴承端盖接触处凸台轴向尺寸	s_1	$5 \sim 10$	初选 5(最后为 7.5)

续表 6.1　　　　　　　　　　　　　　　　　　　　　　mm

名称	符号	尺寸关系	尺寸设计值
外机壁至轴承座端面距离	L_w	$c_1 + c_2 + s_1$	45(最后为 47.5)
内机壁至轴承座端面距离	L	$\delta + c_1 + c_2 + s_1$	55
大齿轮顶圆与内机壁距离	Δ_1	$\geqslant 1.2\delta$	12
齿轮端面与内机壁距离	Δ_2	$\geqslant 10 \sim 15$	10
机盖、机座肋厚	m_1、m	$m_1 \approx 0.85\delta_1$，$m \approx 0.85\delta$	$m_1 = m = 8$
轴承端盖外径	D_2	轴承座孔径 $+ (5 \sim 5.5)d_3$	视轴承而定
轴承端盖凸缘厚度	e	$(1 \sim 1.2)d_3$	10
轴承旁连接螺栓距离	s	$s \approx D_2$	视轴承而定

6.2　各级轴的初步设计及其三维建模

6.2.1　各级轴最小直径的初步确定

由于轴的跨距还未确定,轴的最小直径先按轴所受的转矩初步计算,计算公式为

$$d_{1min} = C\sqrt[3]{\frac{P}{n}} \tag{6.1}$$

式中　C——由许用扭转剪应力确定的系数,由表 6.2 选取;

　　　P——轴传递的功率,kW;

　　　n——轴的转速,r/min。

表 6.2　轴的常用材料的许用扭转应力 $[\tau]$ 和 C 值

轴的材料	Q235	45	40Cr、35SiMn、35CrMo
$[\tau]$/MPa	12~20	30~40	40~52
C	158~135	118~106	106~97

若该直径处有键槽,则应将计算出的轴径适当加大。当有一个键槽时增大 3%～5%,当有两个键槽时增大 10%,还应考虑零件间的相互关系,最后以联轴器的轴径为依据,圆整为标准直径。

高速轴Ⅰ伸出端通过联轴器与电动机轴相连时,还应考虑电动机轴伸直径和联轴器的型号所允许的轴径范围是否都能满足要求,此直径必须大于或等于上述最小初算直径,可以与电动机轴径相等或不相等,但必须在联轴器允许的最大直径和最小直径范围内。

如果是二级齿轮减速器,中间轴Ⅱ的最小直径处将安装滚动轴承,可根据最小初算直径圆整确定,但不应小于高速轴安装轴承处的直径。

根据设计要求,选择高速轴Ⅰ和中间轴Ⅱ的材料为 45,低速轴Ⅲ的材料为 40Cr,由表6.2选取 C 分别为 106 和 97;减速器中三根轴最小直径的初算值如下。

高速轴最小轴径为

$$d_{\mathrm{I\,min}} = 1.05 \times C \sqrt[3]{\frac{P_1}{n_1}} = 1.05 \times 106 \times \sqrt[3]{\frac{2.305}{1\,420}} = 13.08(\mathrm{mm})$$

中间轴最小轴径为

$$d_{\mathrm{II\,min}} = C \sqrt[3]{\frac{P_2}{n_2}} = 106 \times \sqrt[3]{\frac{2.213}{277.83}} = 21.17(\mathrm{mm})$$

低速轴最小轴径为

$$d_{\mathrm{III\,min}} = 1.05 \times C \sqrt[3]{\frac{P_3}{n_3}} = 1.05 \times 97 \times \sqrt[3]{\frac{2.125}{76.54}} = 30.84(\mathrm{mm})$$

6.2.2 各级轴的结构设计与建模

根据轴上零件的受力情况、固定和定位的要求,初步确定各级轴均为阶梯轴,在一般情况下,减速器的高速轴和低速轴由 6～8 段组成,其设计方法相同;中间轴由 5～6 段组成。各级轴除其最小直径外,其他轴径尺寸均为初步暂定。

二级圆柱齿轮减速器中共有三根轴,按照不同轴的作用和设计要求,从每级轴的最小轴径开始,划分各轴段并初步确定出各轴段的直径和长度。高速轴Ⅰ、中间轴Ⅱ和低速轴Ⅲ的结构设计见表 6.3～6.5。

表 6.3 高速轴Ⅰ的结构设计 mm

径向尺寸	确定原则	设计值	轴向尺寸	确定原则	设计值
d_{11}	$d_{11} \geqslant d_{\mathrm{I\,min}}$,并根据联轴器尺寸确定。由于联轴器的一端连接电动机,另一端连接轴,其转速较高,有振动和冲击,故采用弹性柱销联轴器 HL1,查表确定	16	l_{11}	根据联轴器尺寸查表确定,当采用弹性套柱销联轴器,应查联轴器手册确定,且考虑动件与不动件间距大于 10～15 确定,联轴器至轴承端盖的距离 $K=15$	42
d_{12}	用于联轴器轴向定位,安装密封圈,兼顾密封圈的标准值,且便于轴承安装 $d_{12} < d_{13}$,轴肩高 $h=(0.07 \sim 0.1)d_{11} \geqslant 2$。本设计中,轴承采用油润滑,且选择内包骨架旋转轴唇形密封圈,查表确定	20	l_{12}	$l_{12} \approx K+e+L-\Delta_3-B$ $K=15, e=10, L=55,$ $\Delta_3=5, B=15$	60
d_{13}	用于安装轴承,$d_{13} = d_{12} + (1 \sim 2)$,并满足轴承内径系列,且数值以 0 或 5 结尾。选择深沟球轴承,暂取轴承型号 6205,查表确定轴承宽度 $B=15$	25	l_{13}	$l_{13} = B$	15
d_{14}	便于轴承轴向定位,轴肩高 $h=(0.07 \sim 0.1)d_{13} \geqslant 2$	30	l_{14}	先初选 $l_{14}=80$,兼顾中间轴和低速轴的设计尺寸,根据装配位置最后确定	88.5

续表 6.3

mm

径向尺寸	确定原则	设计值	轴向尺寸	确定原则	设计值
d_{15}	齿轮安装，$d_{15} = d_{16} + (1 \sim 2)$，则 $d_{15} = 32$，因此段安装高速齿轮 I，由于其分度圆直径 $d = 34.36$，由于 $t < 1.2m$，故此段做成齿轮轴，齿顶圆 $d_a = 36.86$	齿顶圆 36.86 假设轴孔直径为 30	l_{15}	由齿轮的宽度确定，$l_{15} = b_1 = 35$	35
d_{16}	此段可以是轴肩，用于轴段 7 上轴承的轴向定位，轴肩高度应符合轴承拆卸尺寸，查轴承国标确定	30	l_{16}	$l_{16} = 5 \sim 8$	6.5
d_{17}	此段安装轴承，同一轴上的两轴承型号应相同，$d_{17} = d_{13}$	25	l_{17}	$l_{17} \approx B + \Delta_2 + \Delta_3 + (1 \sim 2)$	30
键槽的尺寸	根据轴段 d_{11} 的直径 $\phi 16$，查国家标准确定，暂选普通型平键，GB/T 1096—2003 键 $5 \times 5 \times 36$，轴 $t = 3$，毂 $t_1 = 2.3$	$b = 5$ $h = 5$	键槽长 L_j	$L_j \approx 0.85l$ l—有键槽的轴段长度，并查国标选取相近的标准长度，且应同时满足挤压强度要求	36
齿轮至机座内壁的距离 Δ_2	便于运动避免干涉，$\Delta_2 = 10 \sim 15$（轴 II 和轴 III 的设计取值与此相同）	侧面 10，顶面 12	轴承端盖厚度 e	由图 3.23 轴承端盖的结构尺寸，$e = (1 \sim 1.2)d$ d—轴承端盖螺钉直径，$d = M8$（轴 II 和轴 III 的设计取值与此相同）	10
轴承至机座内壁的距离 Δ_3	轴承采用机座内润滑油润滑，$\Delta_3 = 3 \sim 5$（轴 II 和轴 III 的设计取值与此相同）	5	联轴器至轴承端盖的距离 K	当采用弹性套柱销联轴器，查联轴器手册，且考虑动件与不动件间距大于 $10 \sim 15$ 确定	42
铸造机座与轴承端盖接触处凸台轴向尺寸 s_1	参考经验 $s_1 = 5 \sim 8$（轴 II 和轴 III 的设计取值与此相同）	5	轴承座宽度 L	$L = \delta + c_1 + c_2 + s_1$ δ—机座壁厚 10 c_1、c_2—分别为机盖与机座连接螺栓 d_2 至外机壁距离和至凸缘的距离，$c_1 = 22$，$c_2 = 18$（轴 II 和轴 III 的设计取值与此相同）	55

表 6.4　中间轴 Ⅱ 的结构设计 mm

径向尺寸	确定原则	设计值	轴向尺寸	确定原则	设计值
$d_{Ⅱ1}$	$d_{Ⅱ1} \geqslant d_{Ⅱ\min}$，并根据轴承尺寸确定。选择深沟球轴承，暂取轴承型号 6205，查表确定轴承宽度 $B = 15$	25	$l_{Ⅱ1}$	$l_{Ⅱ1} \geqslant B + \Delta_2 + \Delta_3 + (1 \sim 2)$ 考虑增加挡油板，初选 $l_{Ⅱ1} = 40$	40
	轴的强度和轴承寿命校核后最终选择轴承型号 6305，查表得轴承宽度 $B = 17$	25		根据轴承宽度 $B = 17$，比初选后的设计值加长 2	42
$d_{Ⅱ2}$	用于安装齿轮 3，齿轮 3 宽度 $b_3 = 60$	28	$l_{Ⅱ2}$	$b_3 - (1 \sim 2)$	58
$d_{Ⅱ3}$	此段是轴肩，用于轴上齿轮 3 和齿轮 2 的轴向定位，轴肩高度应考虑齿轮孔的倒角和定位的可靠性	40	$l_{Ⅱ3}$	$l_{Ⅱ3} = 5 \sim 8$ 先初选 8，兼顾装配位置最后确定	8
$d_{Ⅱ4}$	用于安装齿轮 2，齿轮 2 宽度 $b_2 = 30$	28	$l_{Ⅱ4}$	$b_2 - (1 \sim 2)$	28
$d_{Ⅱ5}$	此段安装轴承，同一轴上的两轴承型号应相同，根据轴承尺寸确定。暂取轴承型号 6205，查表确定轴承宽度 $B = 15$	25	$l_{Ⅱ5}$	$l_{Ⅱ5} \geqslant B + \Delta_2 + \Delta_3 + (1 \sim 2)$ 考虑增加套筒，初选 $l_{Ⅱ5} = 42$	41
	轴的强度和轴承寿命校核后最终选择轴承型号 6305，查表得轴承宽度 $B = 17$	25		比初选后的设计值加长 2 mm	43
键槽的尺寸	根据轴段 $d_{Ⅱ2}$ 的直径 $\phi28$，查国家标准确定，暂选普通型平键，GB/T 1096—2003 键 $8 \times 7 \times 50$，轴 $t = 4$，毂 $t_1 = 3.3$	$b = 8$ $h = 7$	键槽长 L_j	$L_j \approx 0.85l$ l—有键槽的轴段长度，并查国标选取相近的标准长度，且应同时满足挤压强度要求	50
	根据轴段 $d_{Ⅱ4}$ 的直径 $\phi28$，查国家标准确定，暂选普通型平键，GB/T 1096—2003 键 $8 \times 7 \times 22$，轴 $t = 4$，毂 $t_1 = 3.3$				22

表 6.5　低速轴Ⅲ的结构设计　　　　　　　　　　　　　　mm

径向尺寸	确定原则	设计值	轴向尺寸	确定原则	设计值
$d_{Ⅲ1}$	$d_{Ⅲ1} \geqslant d_{Ⅲ\min}$,并根据联轴器尺寸确定。采用弹性柱销联轴器 HL2,查表确定	30	$l_{Ⅲ1}$	根据联轴器尺寸查表确定。当采用弹性套柱销联轴器,应查联轴器手册确定,且考虑动件与不动件间距大于 $10 \sim 15$ 确定,联轴器至轴承端盖的距离 $K=18$	82
$d_{Ⅲ2}$	用于联轴器轴向定位,安装密封圈,兼顾密封圈的标准值,且便于轴承安装 $d_{Ⅲ2} < d_{Ⅲ3}$,轴肩高 $h=(0.07 \sim 0.1)d_{Ⅲ1} \geqslant 2$。本设计中,轴承采用油润滑,且选择内包骨架旋转轴唇形密封圈,查表确定	35	$l_{Ⅲ2}$	$l_{Ⅲ2} \approx K+e+L-\Delta_3-B$ $K=18,e=10,L=55,\Delta_3=5,B=18$	60
$d_{Ⅲ3}$	用于安装轴承,$d_{Ⅲ3}=d_{Ⅲ2}+(1 \sim 2)$,并满足轴承内径系列,且数值以 0 或 5 结尾。选择深沟球球轴承,暂取轴承型号 6208,查表确定轴承宽度 $B=18$	40	$l_{Ⅲ3}$	$l_{Ⅲ3}=B$	18
$d_{Ⅲ4}$	便于轴承的轴向定位,轴肩高 h 查轴承国标确定	48	$l_{Ⅲ4}$	先初选 $l_{Ⅲ4}=50$,根据装配结构最后确定	56.5
$d_{Ⅲ5}$	此段是轴肩,用于轴段 6 上齿轮 4 的轴向定位,轴肩高度应使轴径 0、5 结尾	60	$l_{Ⅲ5}$	$l_{Ⅲ5}=5 \sim 8$	8
$d_{Ⅲ6}$	此段用于安装齿轮,齿轮的宽度 $b_4=55$	45	$l_{Ⅲ6}$	$b_4-(1 \sim 2)$	53
$d_{Ⅲ7}$	此段安装轴承,同一轴上的两轴承型号应相同,$d_{Ⅲ7}=d_{Ⅲ3}$	40	l_{17}	$l_{17} \approx B+\Delta_2+\Delta_3+(1 \sim 2)$,初选 $l_{17}=35$,根据装配结构最后确定	45.5
键槽的尺寸	根据轴段 $d_{Ⅲ1}$ 的直径 $\phi 30$,查国家标准确定,暂选普通型平键,GB/T 1096—2003 键 $8 \times 7 \times 70$,轴 $t=4$,毂 $t_1=3.3$	$b=8$ $h=7$	键槽长 L_j	$L_j \approx 0.85l$ l——有键槽的轴段长度,并查国标选取相近的标准长度,且应同时满足挤压强度要求	70
	根据轴段 $d_{Ⅲ6}$ 的直径 $\phi 45$,查国家标准确定,暂选普通型平键,GB/T 1096—2003 键 $14 \times 9 \times 45$,轴 $t=5.5$,毂 $t_1=3.8$	$b=14$ $h=9$			45

在 SolidWorks 零件环境下,根据初步确定的各轴段的径向和轴向尺寸绘出各轴的草图,高速轴Ⅰ、中间轴Ⅱ和低速轴Ⅲ的草图如图 6.1～6.3 所示,使用旋转特征,对三根轴进行建模,如图 6.4～6.6 所示。

注意:建好轴的模型后,插入圆柱面的"基准轴",以便装配体建模时确定零件间的相对位置。

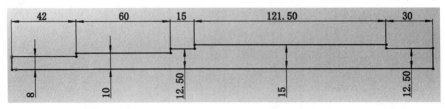

图 6.1　高速轴Ⅰ的草图

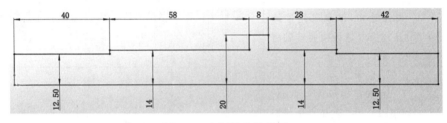

图 6.2　中间轴Ⅱ的草图

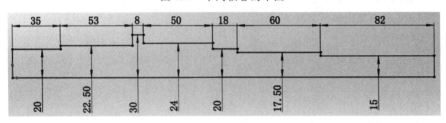

图 6.3　低速轴Ⅲ的草图

图 6.4　高速轴Ⅰ建模

图 6.5　中间轴Ⅱ建模

图 6.6　低速轴Ⅲ建模

6.3　二级圆柱齿轮减速器装配体的创建 与传动件相对位置的确定

确定传动件间的相对位置关系,需从创建减速器装配体入手,装配体三维建模的基准面选择非常重要,它直接影响装配体模型显示的状态,根据二级圆柱齿轮减速器的结构特点,建议减速器装配体的三维设计首先在上视基准面上进行。

6.3.1 减速器装配体创建与各轴和轴承相对位置的确定

根据齿轮的中心距与齿轮端面之间的距离要求,先放置齿轮,并将各轴分别与相应的齿轮配合,调整至满足位置关系要求。调整过程中,要使用距离约束配合功能,固定所有尺寸关系,并将齿轮与轴的中心线固定在同一上视基准面上。齿轮与轴的相对位置图如图 6.7 所示。

操作步骤如下。

(1)单击 SolidWorks 文件的下拉菜单→"新建"→"新建 SolidWorks 文件"→"装配体"→"确定"→"开始装配体"属性管理器→"浏览"→调用齿轮 1→编辑齿轮 1 为浮动件→保存并命名装配体名称。

(2)在 SolidWorks 装配体装配环境下,"插入"→"零部件"→"现有零件"或图标 📇 →"插入零部件"属性管理器→"浏览"→ 调用齿轮 2。

(3)"插入"→"配合"→分别依次定义齿轮 1 和齿轮 2 的基准轴平行、两轴之间距离 105 mm、齿轮两左侧端面的"距离"为 2.5 mm、齿轮 1 的基准轴与上视基准面重合且与前视基准面平行等配合→单击√,确定两齿轮的相对位置。

(4)定义轴Ⅰ与齿轮 1"同轴"、齿轮 1 右侧端面与轴Ⅰ轴肩左侧端面"重合"等配合关系→确定轴Ⅰ的位置→同理确定轴Ⅱ的位置。

(5)同理定义齿轮 3 和轴Ⅱ的配合关系→确定齿轮 3 的位置。

(6)定义齿轮 3 与齿轮 4 轴线"平行"、两轴之间"距离"130 mm、齿轮两左侧端面的"距离"为 2.5 mm 和齿轮 4 的基准轴与上视基准面"重合"等配合关系→确定齿轮 4 的位置→同理定义轴Ⅲ的位置。

各齿轮与各轴的相对位置如图 6.7 所示。

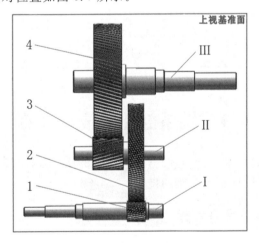

图 6.7 齿轮与轴的相对位置图

根据表 6.3～6.5 中选择的各轴的轴承,使用 ToolBox 国标零件库,在装配环境中调用不同型号的深沟球轴承,应用配合直接添加到装配体中,各轴安装轴承后的相对位置如图 6.8 所示。可见三根轴上轴承的轴向位置没有对齐,不便于机座上油沟的设计,为此,应使各轴的轴承端面与机座内壁的距离相同,以高速轴Ⅰ小齿轮 1 右侧轴承端面和中间轴Ⅱ小齿轮 3 左侧轴承端面分别与机座内壁一侧对齐为原则,调整三根轴零件模型对应的个别轴段的轴向长度,调整的个别轴段长度(l_{14}、l_{II5}、l_{III4}、l_{III7})见表 6.2～6.4,各轴相关轴段长度调整后的相对位置如图 6.9 所示。

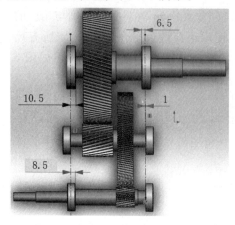

图 6.8　各轴安装轴承后的相对位置

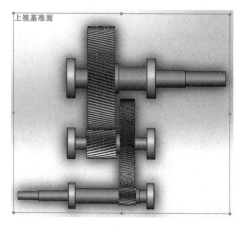

图 6.9　各轴相关轴段长度调整后的相对位置

6.3.2　轴承端盖尺寸的初步确定

根据三根轴上初步选定的轴承型号和密封圈的型号,选择凸缘式轴承端盖,参考图 3.23,设计凸缘式轴承端盖的初步尺寸见表 6.6。

表 6.6　凸缘式轴承端盖的初步尺寸　　　　　　　mm

轴的序号	轴承型号	轴承端盖设计参数								
		D	d_3	d_0	D_2	D_0	d_5	b	h	e_1
Ⅰ、Ⅱ	6205	52	8	9	92(92～96)	72	50	8	8	8
Ⅲ	6208	80	8	9	120(120～124)	100	78	10	10	8

6.4　轴系部件的校核计算

结合轴上安装的零件要求、机座与端盖的设计要求及联轴器的尺寸,经过不断地调整传动轴草图中各轴段的尺寸,确定了各轴的尺寸。

6.4.1　各轴上齿轮受力计算

齿轮传动系统受力分析如图 6.10 所示。

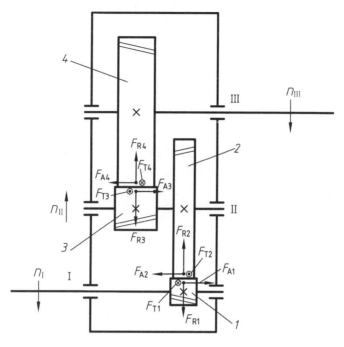

图 6.10　齿轮传动系统受力分析

(1)齿轮 1 受力计算。

切向力 $F_{t1} = \dfrac{2\,T_1}{d_1} = \dfrac{2 \times 15\,500}{34.363} = 902.13(\mathrm{N})$

径向力 $F_{r1} = F_{t1}\dfrac{\tan \alpha_n}{\cos \beta} = 902.13 \times \dfrac{\tan 20°}{\cos 10.84°} = 334.31(\mathrm{N})$

轴向力 $F_{a1} = F_{t1}\tan \beta = 902.13 \times \tan 10.84° = 172.74(\mathrm{N})$

(2)齿轮 2 受力计算。

切向力　$F_{t2} = F_{t1} = 902.13(\mathrm{N})$

径向力　$F_{r2} = F_{r1} = 334.31(\mathrm{N})$

轴向力　$F_{a2} = F_{a1} = 172.74(\mathrm{N})$

(3)齿轮 4 受力计算。

切向力　$F_{t4} = \dfrac{2\,T_3}{d_4} = \dfrac{2 \times 2.7 \times 10^5}{203.838} = 2\,649.16(\mathrm{N})$

径向力　$F_{r4} = F_{t4}\dfrac{\tan \alpha_n}{\cos \beta} = 2\,649.16 \times \dfrac{\tan 20°}{\cos 15.94°} = 1\,002.77(\mathrm{N})$

轴向力　$F_{a4} = F_{t4}\tan \beta = 2\,649.16 \times \tan 15.94° = 756.63(\mathrm{N})$

(4)齿轮 3 受力计算。

切向力　$F_{t3} = F_{t4} = 2\,649.16(\mathrm{N})$

径向力　$F_{r3} = F_{r4} = 1\,002.77(\mathrm{N})$

轴向力　$F_{a3} = F_{a4} = 756.63(\mathrm{N})$

本方案将以中间轴 Ⅱ 为例进行轴的相关校核计算。中间轴 Ⅱ 的初步设计尺寸如图6.11 所示。将装配体向上视基准面投影,通过测量可以得到中间轴 Ⅱ 受力支点尺寸如图 6.12 所示。

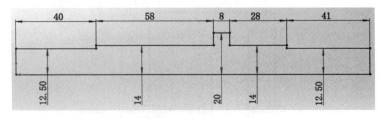

图 6.11　中间轴Ⅱ的初步设计尺寸

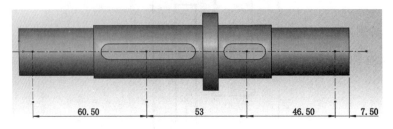

图 6.12　中间轴Ⅱ受力支点尺寸

6.4.2　中间轴的受力分析

中间轴Ⅱ的受力分析如图 6.13 所示。其中，$L_1 = 60.5$ mm，$L_2 = 53$ mm，$L_3 = 46.5$ mm。

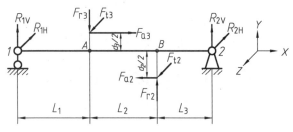

图 6.13　中间轴Ⅱ的受力分析

（1）计算支反力。

在水平面上

$$R_{1H} = \frac{F_{t3}(L_2+L_3) + F_{t2} L_3}{L_1+L_2+L_3} = \frac{2\,649.16 \times (53+46.5) + 902.13 \times 46.5}{60.5+53+46.5} = 1\,909.63(\text{N})$$

$$R_{2H} = F_{t3} + F_{t2} - R_{1H} = 2\,649.16 + 902.13 - 1\,909.63 = 1\,641.66(\text{N})$$

在垂直面上

$$R_{1V} = \frac{F_{r3}(L_2+L_3) - \dfrac{F_{a3}\,d_3}{2} - \dfrac{F_{a2}\,d_2}{2} - F_{r2}\,L_3}{L_1+L_2+L_3}$$

$$= \frac{1\,002.77 \times (53+46.5) - 756.63 \times \dfrac{56.159}{2} - 172.74 \times \dfrac{175.634}{2} - 334.31 \times 46.5}{60.5+53+46.5}$$

$$= 298.84(\text{N})$$

$$R_{2V} = F_{r3} - F_{r2} - R_{1V} = 1\,002.77 - 334.31 - 298.84 = 369.62(\text{N})$$

$$F_{R1} = \sqrt{R_{1V}^2 + R_{1H}^2} = \sqrt{298.84^2 + 1\,909.63^2} = 1\,932.87(\text{N})$$

$$F_{R2} = \sqrt{R_{2V}^2 + R_{2H}^2} = \sqrt{369.62^2 + 1\,641.66^2} = 1\,682.76(\text{N})$$

（2）绘制弯矩图。

在水平面上,只考虑 F_{t2} 和 F_{t3} 的作用。

A—A 剖面左右侧相等,$M_{AH} = R_{1H} L_1 = 1\ 909.63 \times 60.5 = 115\ 532.62 (\text{N} \cdot \text{mm})$

B—B 剖面左右侧相等,$M_{BH} = R_{2H} L_3 = 1\ 641.66 \times 46.5 = 76\ 337.19 (\text{N} \cdot \text{mm})$

在垂直平面上,要计及 F_{r2}、F_{r3}、F_{a2} 和 F_{a3} 的共同作用。

A—A 剖面左侧,$M_{AV} = R_{1V} L_1 = 298.84 \times 60.5 = 18\ 079.82 (\text{N} \cdot \text{mm})$

A—A 剖面右侧,$M'_{AV} = M_A + M_{A3} = R_{1V} L_1 + F_{a3} \dfrac{d_3}{2} = 18\ 079.82 + 756.63 \times 56.159/$

$2 = 39\ 325.61 (\text{N} \cdot \text{mm})$

B—B 剖面右侧,$M_{BV} = R_{2V} L_3 = 369.62 \times 46.5 = 17\ 187.33 (\text{N} \cdot \text{mm})$

B—B 剖面左侧,$M'_{BV} = M_B - M_{A2} = R_{2V} L_3 - F_{a2} \dfrac{d_2}{2} = 17\ 187.33 - 172.74 \times$

$175.634/2 = 2\ 017.82\ (\text{N} \cdot \text{mm})$

合成弯矩。

A—A 剖面左侧,

$$M_A = \sqrt{M_{AH}^2 + M_{AV}^2} = \sqrt{115\ 532.62^2 + 18\ 079.82^2} = 116\ 938.73 (\text{N} \cdot \text{mm})$$

A—A 剖面右侧,

$$M'_A = \sqrt{M_{AH}^2 + M'^2_{AV}} = \sqrt{115\ 532.62^2 + 39\ 325.61^2} = 122\ 042.16 (\text{N} \cdot \text{mm})$$

B—B 剖面右侧,

$$M_B = \sqrt{M_{BH}^2 + M_{BV}^2} = \sqrt{76\ 337.19^2 + 17\ 187.33^2} = 78\ 248.14 (\text{N} \cdot \text{mm})$$

B—B 剖面左侧,

$$M'_B = \sqrt{M_{BH}^2 + M'^2_{BV}} = \sqrt{76\ 337.19^2 + 2\ 017.82^2} = 76\ 363.85 (\text{N} \cdot \text{mm})$$

中间轴弯矩如图 6.14 所示,数据已取整。

(3)绘制转矩图。

已知该轴传递转矩为 $T_2 = 76\ 075.4 (\text{N} \cdot \text{mm})$,中间轴转矩如图 6.14 所示,图中数据已取整。

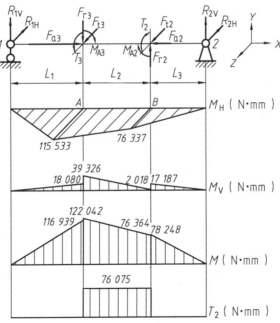

图 6.14　中间轴弯矩和转矩图

6.4.3 中间轴的强度校核

依据轴上的弯矩和转矩的分布,可得危险截面为 A—A 剖面右侧。

抗弯模量为 $W_b = 0.1 d^3 = 0.1 \times 28^3 = 2\ 195.2$（$mm^3$）

抗扭模量为 $W_T = 0.2 d^3 = 0.2 \times 28^3 = 4\ 390.4$（$mm^3$）

弯曲应力 $\sigma_b = \dfrac{M'_A}{W_b} = \dfrac{122\ 042.16}{2\ 195.2} = 55.6$（MPa）

扭剪应力 $\tau_T = \dfrac{T_A}{W_T} = \dfrac{76\ 075.4}{4\ 390.4} = 17.33$（MPa）

对于一般用途的转轴,可以按弯扭合成强度校核。考虑到传动方案工作时间为两班制,可将转矩按脉动循环处理,故 $\alpha = 0.6$,则当量应力为

$$\sigma_e = \sqrt{{\sigma_b}^2 + 4\ (\alpha \times \tau_T)^2} = \sqrt{55.6^2 + 4 \times (0.6 \times 17.33)^2} = 59.36\text{（MPa）}$$

中间轴 II 的材料为 45 钢调质处理,由参考文献[2]表 9.3,查得 $\sigma_b = 650$ MPa,再由参考文献[2]表 9.7 查得 $[\sigma]_{0b} = 102.5$ MPa,显然 $\sigma_e < [\sigma]_{0b}$,故危险截面安全。

6.4.4 键连接的强度校核

键的强度校核条件为

$$\sigma_p = \frac{4T}{dhl} \leqslant [\sigma_p]$$

式中 d ——键连接处的轴径,mm;

       T ——传递的转矩,N·mm;

       h ——键的高度,mm;

       l ——键的工作长度,mm;

(1)齿轮 2 连接键的强度校核。

齿轮 2 连接键为普通 A 型平键,尺寸为 $8 \times 7 \times 22$, $h = 7$ mm, $l = 22 - 8 = 14$（mm）,故

$$\sigma_{p2} = \frac{4T}{dhl} = \frac{4 \times 76\ 075.4}{28 \times 7 \times 14} = 110.9\text{（MPa）}$$

键、轴材料均为钢,由参考文献[2]表 4.1 查得 $[\sigma_p] = 125 \sim 150$ MPa。$\sigma_{p2} < [\sigma_p]$,故键强度满足需要。

(2)齿轮 3 连接键的强度校核。

齿轮 3 连接键为普通 A 型平键,尺寸为 $8 \times 7 \times 50$, $h = 7$ mm, $l = 50 - 8 = 42$（mm）,同理

$$\sigma_{p3} = \frac{4T}{dhl} = \frac{4 \times 76\ 075.4}{28 \times 7 \times 42} = 36.96\text{（MPa）}, \ \sigma_{p3} < [\sigma_p]$$

故满足强度要求。

6.4.5 轴承寿命校核

根据轴 II 初选轴承为 6205,由参考文献[1]表 12.1 查得,6205 轴承的 $C_r = 14.0$ kN, $C_0 = 7.88$ kN。

(1)计算轴承的轴向力。

轴 II 上与轴承寿命计算相关的受力简图如图 6.15(a)所示,合轴向力为 F_A,如图 6.15

(b)所示。

$$F_A = F_{a3} - F_{a2} = 756.63 - 172.74 = 583.89(N)$$

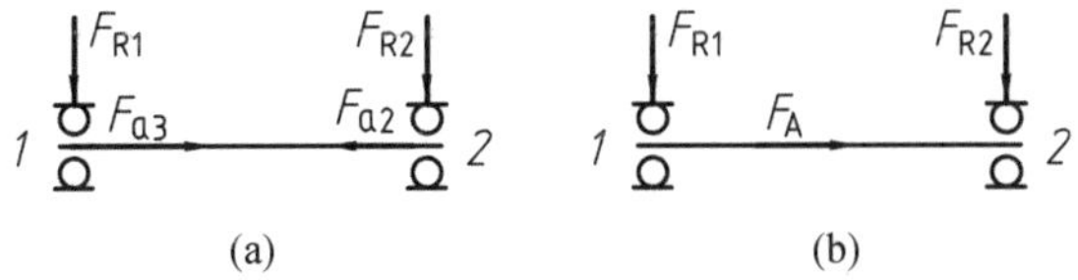

图 6.15　轴Ⅱ上轴承受力简图

因轴Ⅱ选用深沟球轴承支承,则轴向力 F_A 指向的轴承 2 为承受轴向力轴承,故选择受力较大的轴承 2 进行校核,其内部轴向力为：$F_{A2} = F_A = 583.89(N)$, $F_{R2} = 1682.76(N)$。

(2)计算当量动载荷。

由于 $F_{A2}/C_0 = 583.89/7880 = 0.074$,查参考文献[1]表 12.1 得 $e = 0.273$(插值求得)。

因为 $F_{A2}/F_{R2} = 583.89/1682.76 = 0.35 > e$,故 $X = 0.56, Y = 1.61$(插值求得)。

当量动载荷为

$$F_2 = XF_{R2} + YF_{A2} = 0.56 \times 1682.76 + 1.61 \times 583.89 = 1882.4(N)$$

(3)轴承寿命校核。

轴承在 100 ℃下工作,查参考文献[2]表 10.10 得 $f_T = 1$。根据其载荷性质,查参考文献[2]表 10.11,取 $f_F = 1.2$,校核轴承 6205 的寿命。

轴承寿命为

$$L_{h2} = \frac{10^6}{60n}\left(\frac{f_T C_r}{f_F F_2}\right)^3 = \frac{10^6}{60 \times 277.83} \times \left(\frac{1 \times 14\,000}{1.2 \times 1882.4}\right)^3 = 14\,282(h)$$

已知减速器使用五年,两班工作制,则预期寿命为

$$L_h = 5 \times 2 \times 250 \times 8 = 20\,000(h)$$

因为 $L_{h2} < L_h$,所以 6205 轴承寿命不合格。因此,将中间轴Ⅱ上的 6205 轴承改为 6305 轴承。

对于 6305 轴承,轴承在 100 ℃下工作,查参考文献[2]表 10.10 得 $f_T = 1$。根据其载荷性质,查参考文献[2]表 10.11 取 $f_F = 1.2$, $C_r = 22.4$ kN, $C_0 = 11.5$ kN。

由于 $F_{A2}/C_0 = 583.89/11\,500 = 0.051$,查参考文献[1]表 12.1 得 $e = 0.25$(插值求得)。

因为 $F_{A2}/F_{R2} = 583.89/1682.76 = 0.35 > e$,故 $X = 0.56, Y = 1.81$(插值求得)。

当量动载荷为

$$F_2 = XF_{R2} + YF_{A2} = 0.56 \times 1682.76 + 1.81 \times 583.89 = 1999.19(N)$$

轴承 2 的寿命为

$$L_{h2} = \frac{10^6}{60n}\left(\frac{f_T C_r}{f_F F_2}\right)^3 = \frac{10^6}{60 \times 277.83} \times \left(\frac{1 \times 22\,400}{1.2 \times 1999.19}\right)^3 = 48\,832.36(h) > 20\,000(h)$$

即 6305 轴承寿命合格,故确定轴Ⅱ上的轴承为 6305 轴承,因为轴径未做变动,对轴的强度影响不大,不需重新校核轴的强度。

按照中间轴校核的步骤,对高速轴Ⅰ和低速轴Ⅲ分别进行相应的校核,校核均通过,过程省略。因此,选定的轴承主要参数和凸缘式轴承端盖的最终尺寸见表 6.7。

表 6.7　选定的轴承主要参数和凸缘式轴承端盖的最终尺寸　　　　　　　mm

轴的序号	轴承型号	轴承的主要参数					轴承端盖设计参数								
		D	B	d_a	D_a	r	d_3	d_0	D_2	D_0	d_5	b	h	$e_1 \geqslant$	e
高速轴 I	6205	52	15	31	46	1	8	9	92(92～96)	72	50	8	8	8	10
中间轴 II	6305	62	17	32	55	1.1	8	9	102(102～106)	82	60	8	8	8	10
低速轴 III	6208	80	18	47	73	1.1	8	9	120(120～124)	100	78	10	10	8	10

注意:由于中间轴 II 的轴承确定选择 6305 轴承,轴承宽度 B 增加了 2 mm,因此与其相关的尺寸也要随之调整,调整的原则是保证两轴承靠近机座内壁一侧的端面位置不变,将相应轴段的长度增大 2 mm,即 $l_{II1} = 42$ mm,$l_{II5} = 43$ mm。选择 6305 轴承后中间轴 II 的尺寸如图 6.16 所示。

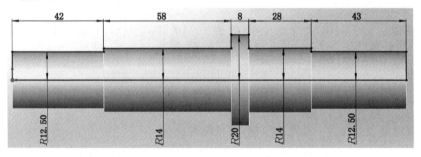

图 6.16　选择 6305 轴承后中间轴 II 的尺寸

中间轴 II 上与轴承相邻的挡油板和套筒的径向尺寸可参考 d_a 做相应的修改,具体的修改方法即在装配体文件中找到相应零件,根据变化的尺寸逐一修改。同时参见表 6.7,轴承端盖与轴承座孔按轴承 6305 的相关尺寸进行设计和建模。

6.5　机座主体结构的三维设计与建模

确定原则:选择上视基准面为草图平面,将装配体向草图平面投影,机座内壁左、右线的位置根据轴承端面距内壁的距离 $\Delta_3 = 5$ mm 确定,参考表 6.1,机座内壁后面的内壁线根据低速轴上大齿轮齿顶圆到机座内壁的距离 $\Delta_1 \geqslant 12$ mm 确定,机座前面的内壁线暂时根据高速轴轴线与机座前面内壁的距离为 l_q 确定,根据设计经验,$l_q = D_2/2 + (10 \sim 15)$ mm,其中 D_2 为最大轴承端盖的外径,即轴 III 的轴承端盖外圆直径,见表 6.7,则 $l_q = 120/2 + 15 = 75$ mm,机座内壁位置初步确定图如图 6.17 所示。调整机座前后内壁线间距为整数 426 mm,机座内壁位置初步调整图如图 6.18 所示。根据机座壁厚 $\delta = 10$ mm,确定机座外壁线位置,机座截面草图如图 6.19 所示。机座高度方向的内壁线根据机座中心到机座内壁底面的距离为 140 mm 确定。

操作步骤如下。

(1)在 SolidWorks 装配体装配环境下 ,"插入"→"零部件"→"新零件"或图标 →点击上视基准面作为草图平面绘制草图→分别过左、右轴承靠近机座内壁一侧的端面绘制两条构造线→对该构造线作"实体等距",距离 5 mm,即为机座左、右内壁线。

(2)过低速轴Ⅲ齿轮的齿顶线绘制构造线→对该线作"实体等距",距离为 12 mm,即得机座后面内壁线→过高速轴Ⅰ轴线作构造线→对该线作"实体等距",距离为 75 mm,即为机座前面内壁线。机座内壁位置初步确定图如图 6.17 所示。

(3)考虑使机座内壁尺寸取整→调整机座后面至大齿轮齿顶线的距离,使内壁尺寸长度为 135 mm,宽度为 426 mm。机座内壁位置初步调整图如图 6.18 所示。

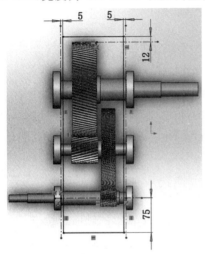

图 6.17　机座内壁位置初步确定图

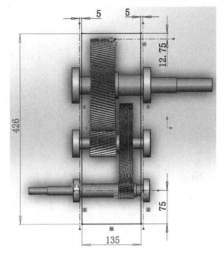

图 6.18　机座内壁位置初步调整图

(4)对机座内壁线作"实体等距",距离为 10 mm,即得机座截面草图,如图 6.19所示→点击图标 ,退出草图编辑状态→点击特征"拉伸凸台",向下拉伸距离 140 mm→点击√,生成机座长度和宽度方向的侧壁。

(5)点击草图绘制→点击机座的底面作为草图平面→绘制机座底的草图(矩形)→点击特征"拉伸凸台",向下拉伸距离 10 mm(壁厚)→点击√,生成机座的底。

机座的主体结构建模如图 6.20 所示。此时,将机座设置为固定件,其他零件均为浮动件。

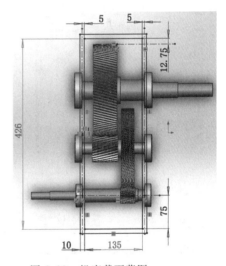

图 6.19　机座截面草图

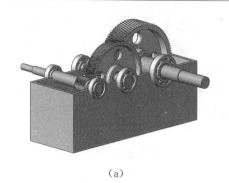 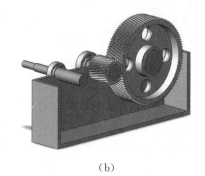

(a)　　　　　　　　　　　　　　　　(b)

图 6.20　机座的主体结构建模

6.6　传动轴上挡油板和套筒的设计与建模

(1)高速轴Ⅰ上挡油板的设计与建模。此方案中设计的齿轮均为斜齿轮,由于小斜齿轮轴向力的作用,靠近斜齿轮一侧的轴承受到润滑油的冲击,不利于轴承寿命。因此,在高速轴Ⅰ的 l_{14} 段上设置挡油板,图 6.21 为轴Ⅰ上挡油板草图,利用"旋转凸台"特征建模,步骤略。

(2)中间轴Ⅱ上挡油板的设计与建模。同理,在中间轴Ⅱ上安装小斜齿轮的左侧 $l_{\text{Ⅱ}1}$ 轴段上设置挡油板,图 6.22 为轴Ⅱ上挡油板草图,利用"旋转凸台"特征建模,步骤略。

(3)中间轴Ⅱ和低速轴Ⅲ上套筒的设计与建模。套筒用于轴承的轴向定位,根据轴承的安装尺寸和轴上安装的齿轮轮毂键槽的尺寸,分别设计中间轴Ⅱ和低速轴Ⅲ上的套筒,其草图如图 6.23 和图 6.24 所示,利用"旋转凸台"特征建模,步骤略。

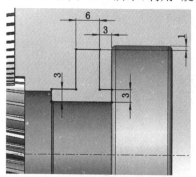 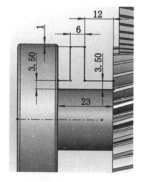

图 6.21　轴Ⅰ上挡油板草图　　　　　　图 6.22　轴Ⅱ上挡油板草图

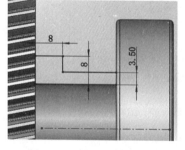 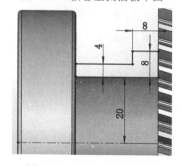

图 6.23　轴Ⅱ上套筒草图　　　　　　图 6.24　轴Ⅲ上套筒草图

图 6.25 为各轴上安装挡油板和套筒的相对位置图。

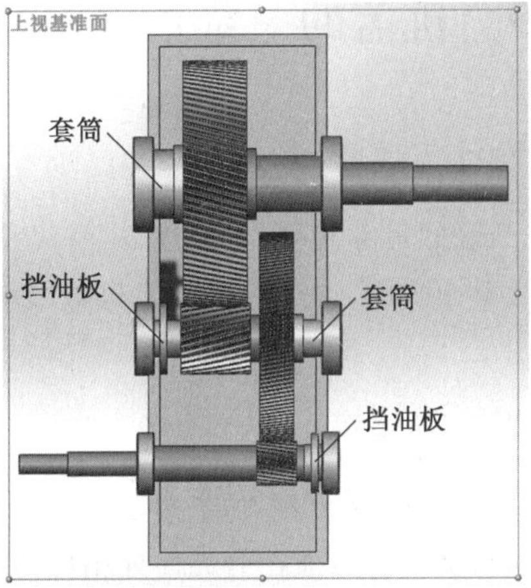

图 6.25　挡油板和套筒的相对位置图

6.7　机座凸缘的设计与建模

机座凸缘的设计可以根据机座内壁草图作实体等距,距离为 $L_t = \delta + c_1 + c_2 = 50$ mm,厚度 $b = 1.5\delta = 15$ mm,通过"拉伸凸台"建模,操作步骤略。机座凸缘的建模如图 6.26 所示。

6.8　机座轴承座的设计与建模

轴承座应考虑以下三方面设计,参考表 6.1 和表 6.7 确定。

(1)确定轴承座轴线的位置。在三维设计中,可以直观地向机座外壁投影,确定三根轴轴承座的轴线在装配体结构中的位置。

(2)确定轴承座的内径和外径。轴承座内孔的直径等于轴承的外径 D,轴承座外径等于轴承端盖凸缘的直径 D_2,注意轴承座的拔模斜度取 3°。

(3)轴承座的凸台轴向尺寸。即轴承座端面到左侧或右侧外壁的距离 $L_w = c_1 + c_2 + s_1$,$L_w = 45$ mm。

轴承座的三维建模可分别采用"拉伸凸台""拉伸切除""镜向实体"等特征建模,操作步骤略,轴承座的建模如图 6.26 所示。

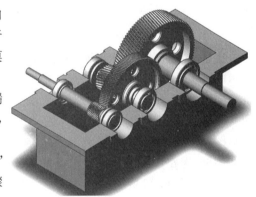

图 6.26　机座凸缘和轴承座的建模

6.9 机盖的三维设计与建模

6.9.1 机盖凸缘的设计与建模

机盖凸缘的尺寸与机座凸缘的尺寸相同,其厚度 $b_1 = 1.5\delta = 15$ mm,在装配环境中插入新零件,以上视基准面作为草图平面,通过投影画出机盖凸缘草图,利用"拉伸凸台"特征生成机盖凸缘,操作步骤略。

6.9.2 机盖主体的设计与建模

机盖主体的内壁左右与机座的内壁对齐,其上表面是由两部分圆柱面和与两者相切的平面组成,两部分圆柱面分别与机座前后面在分界面处相切,并且应保证机盖的上表面与大齿轮的齿顶圆径向距离大于或等于 $\Delta_1 = 1.2\delta = 12$ mm,机盖主体内壁和外壁的确定如图6.27 所示,其中细点画线表示齿轮的齿顶圆,与其等距的为 12 mm 的圆弧和公切线即为机盖主体内壁线,再实体等距 10 mm,可得机盖主体外壁线。

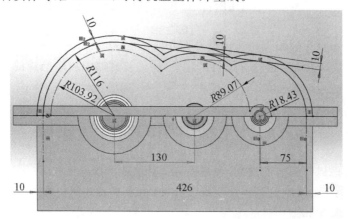

图 6.27　机盖主体内壁和外壁的确定

在机盖左右对称面上绘制如图6.27所示的草图,通过特征"拉伸凸台",形成机盖上壁,然后在上壁的左右侧面上,利用"转换实体引用"建立机盖主体侧壁截面草图,通过"拉伸凸台"形成机盖主体左右侧壁,操作步骤略。机盖内壁和外壁的建模如图 6.28 所示。

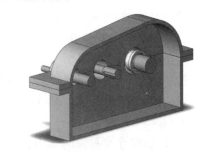

图 6.28　机盖内壁和外壁的建模

6.9.3 机盖轴承座的设计与建模

机盖轴承座的设计与机座轴承座的设计和建模相同,故设计和建模过程略,机盖轴承座的建模如图 6.29 所示。

图 6.29　机盖轴承座的建模

6.9.4　机盖轴承座旁凸台的设计与建模

根据设计要求,轴承座旁凸台的高度和大小应保证安装轴承旁连接螺栓时有足够的扳手空间 c_1 和 c_2,且连接螺栓孔不与轴承座孔干涉,通常取凸台螺栓孔中心线与轴承端盖凸缘外圆相切,凸台的高度可以根据 c_1 由建模确定。设计中以最大的轴承座端面(直径 $\phi120$ mm)为准,确定轴承座旁凸台的高度,由表 6.1 可知,$c_1=22$ mm,$c_2=18$ mm。

操作步骤如下。

(1)在 SolidWorks 装配体装配界面下 →在设计树下点击"机盖"→点击图标 ,进入"机盖"编辑状态→点击草图绘制→选择轴 Ⅲ 的轴承座端面为草图绘制平面→根据轴承座旁凸台的中心线与轴承座端面圆相切的几何关系,绘制轴承座端面圆($\phi120$ mm)及与其相切的构造线,分别作该构造线的两条实体等距线,距离分别为 $c_1=22$ mm 和 $c_2=18$ mm,等距线与 $\phi120$ mm圆相交的交点即为凸台上表面投影的起点,过该点作水平线与另一条构造线相交,两交点间的线段即为凸台上表面的投影,轴承旁凸台高度的确定如图 6.30 所示→单击 图标,退出草图。

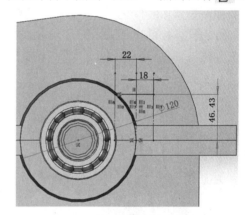

图 6.30　轴承旁凸台高度的确定

(2)点击"插入"→"参考几何体"→"基准面"→"第一参考"选择步骤①作出的水平线,条件选"重合";"第二参考"为机盖凸缘上表面,条件选"平行"→点击√,生成轴承座旁凸台上表面所在的平面。

(3)点击草图绘制→选择步骤②建立的基准面为草图绘制平面→绘出轴承座旁凸台上表面草图,如图 6.31 所示→点击图标 ,退出草图→点击特征"拉伸凸台","生成到一面"选择机盖下表面,"拔模"选向外拔模,3°→点击√,生成一侧机盖轴承座旁凸台。

(4)点击特征"镜向"→对称面为已建好的机盖左右对称面,生成另一侧机盖轴承座旁凸台。

(5)点击草图绘制→选择步骤②建立的基准面为草图绘制平面→绘出轴承座旁凸台上螺栓连接孔位置草图,如图 6.32 所示→点击图标 ,退出草图→点击特征"异形孔向导",选择柱形沉头孔、M12、完全贯穿等条件→点击√,生成一侧轴承座旁凸台的螺栓连接孔。

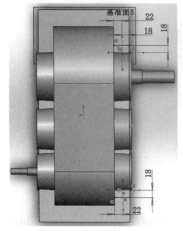

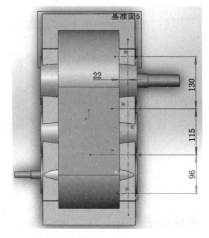

图 6.31　轴承旁凸台上表面草图　　　图 6.32　轴承座旁凸台螺栓连接孔位置草图

（6）点击特征"镜向"→生成另一侧螺栓连接孔。机盖轴承座旁凸台及螺栓连接孔建模如图 6.33 所示。

由图 6.33 可见，轴承座旁凸台建模后，由于拉伸时向外拔模，其在机盖凸缘上表面的左右位置超过了凸缘左右端面（图中圆圈处），这在结构设计上不合理。因此，考虑尺寸取整，调整机座凸缘草图长度尺寸，由 235 mm 调整为 240 mm，同时分别将机座和机盖的轴承座的"拉伸凸台"建模的尺寸 L_w 由 45 mm 变为 47.5 mm，机座凸缘尺寸调整后轴承座旁凸台的位置如图 6.34 所示。

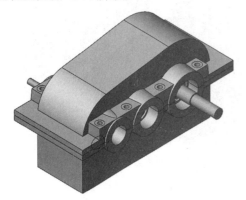

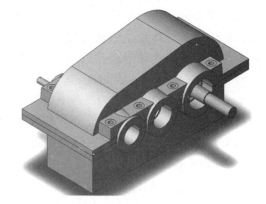

图 6.33　轴承座旁凸台及螺栓连接孔建模　　　图 6.34　机座凸缘尺寸调整后轴承座旁凸台的位置

6.9.5　机盖轴承座端盖连接孔的设计与建模

根据表 6.1 可知，轴承端盖六角头连接螺钉为 M8，根据轴承端盖凸缘厚度为 10 mm，垫片厚度为 2 mm，选择六角头螺钉 GB/T 5782—2000 M8×25。因此，螺钉旋入机盖轴承座深 13 mm，螺纹孔深设计为 18 mm，螺纹底孔深 22 mm。轴承座左右端面螺钉孔位草图如图 6.35 所示，利用特征"异形孔向导"，插入螺纹孔，机盖轴承座螺纹孔建模如图 6.36 所示。

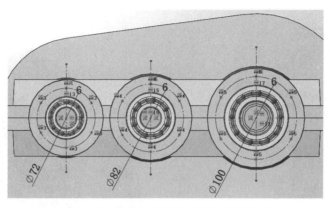

图 6.35　轴承座左右端面螺钉孔位草图

6.9.6　机盖上肋板的设计与建模

分别过轴Ⅰ、轴Ⅱ、轴Ⅲ插入基准面且与机盖前视基准面分别平行,在三个基准面上分别作出肋板草图,应用特征"筋",厚度 8 mm,向外拔模 3°,"镜向"形成另一侧肋板,机盖上肋板的建模如图 6.37 所示,操作步骤略。

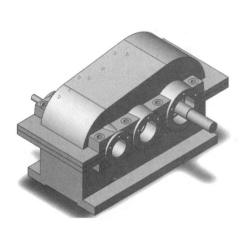

图 6.36　机盖轴承座螺纹孔建模

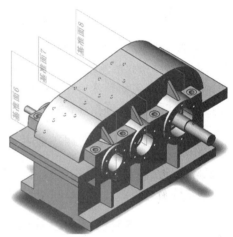

图 6.37　机盖上肋板的建模

6.9.7　机盖凸缘螺栓连接孔的设计与建模

机盖的凸缘螺栓连接孔用于机盖与机座螺栓连接,根据表 6.1 可知连接螺栓 d_2 的间距 $l = 150 \sim 200$ mm。根据本方案的具体结构,取 $l = 150$ mm,连接螺栓 d_2 为 M10,螺栓连接孔的直径为 $\phi 11$ mm,选取 4 个螺栓,从而确定了机盖凸缘螺栓连接孔位草图,如图 6.38 所示,应用特征"异形孔向导",选择六角头螺栓柱形沉头孔、M10、完全贯穿等条件,即可建模,机盖凸缘螺栓连接孔建模如图 6.39 所示。

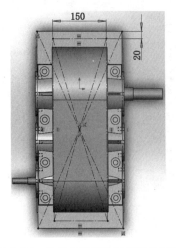

图 6.38　机盖凸缘螺栓连接孔位草图

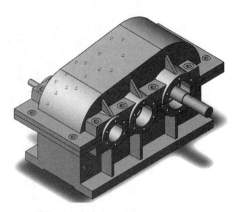

图 6.39　机盖凸缘螺栓连接孔建模

6.10　机座其他结构的三维设计与建模

6.10.1　机座轴承座旁凸台的设计与建模

机座轴承座旁凸台的结构和位置相对于机座和机盖结合面完全对称,作出机座轴承座旁凸台的下表面所在的基准面后,其上的草图可以通过"转换实体引用"机盖轴承座旁凸台草图,使建模过程简化。然后建立凸台螺栓连接孔孔位草图,通过"异形孔向导"插入六角头螺栓柱形沉头孔,上述操作步骤略。

6.10.2　机座轴承座端盖连接孔的设计与建模

机座轴承座端盖连接孔的设计与建模和机盖轴承座端盖连接孔的设计与建模方法相同,操作步骤略。

6.10.3　机座底凸缘的设计与建模

根据机座底凸缘的设计原则和表 6.1 的设计参数,$c_1 = 22$ mm,$c_2 = 23$ mm,$p = 25$ mm,$\delta = 10$ mm,选择 $B = 65$ mm,以机座前面为草图基准面,绘出机座底凸缘的截面草图,如图 6.40 所示。采用"拉伸凸台"特征,拉伸长度条件为"成形到一面",选择机座后面建模即可,操作步骤略。

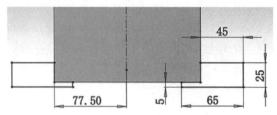

图 6.40　机座底凸缘的截面草图

6.10.4　机座上肋板的设计与建模

分别过轴Ⅰ、轴Ⅱ、轴Ⅲ插入基准面且与机座前面平行,在三个基准面上分别作出肋板草图,应用特征"筋",厚度 8 mm,向外拔模 3°,"镜向"形成另一侧肋板,机座上肋板建模如图 6.41 所示。

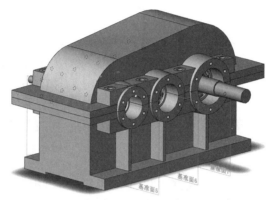

图 6.41　机座上肋板建模

6.10.5　机座凸缘上的螺栓孔位设计与建模

机座凸缘上的螺栓连接孔的设计与建模和机盖的相应部分完全相同,操作步骤略。

6.10.6　机座底凸缘上地脚螺栓孔位设计与建模

选择六个机座底凸缘上地脚螺栓孔,根据 c_2 值,机座底凸缘上地脚螺栓孔位草图如图 6.42 所示,通过特征"异形孔向导",选择"六角头螺栓柱形孔"创建出一侧三个安装地脚螺栓的沉孔,再利用特征"镜向",形成另一侧三个沉孔的建模,机座底凸缘上地脚螺栓孔建模如图 6.43 所示,操作步骤略。

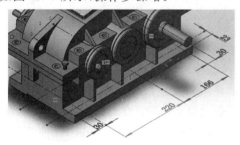

图 6.42　机座底凸缘上地脚螺栓孔位草图

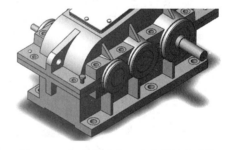

图 6.43　机座底凸缘上地脚螺栓孔建模

6.11　密封圈的选择与建模

减速器的轴承采用机箱内的机油润滑,高速轴Ⅰ和低速轴Ⅲ上的密封圈均选择 B 型内包骨架旋转轴唇形密封圈,代号分别为:B20 35 7,B35 50 8 GB/T 13871.1—2007,查表可确定其尺寸,其建模如图 6.44 所示。

(a)　　　　　　　　　　　　　(b)

图 6.44　B 型内包骨架旋转轴唇形密封圈

6.12　轴承端盖和垫片的设计与建模

　　轴承端盖处的垫片厚度选为 2 mm，按照表 6.7 的尺寸，分别画出高速轴Ⅰ轴承端盖（透盖和闷盖）草图如图 6.45 和图 6.46 所示，应用"旋转凸台"特征建模，操作步骤略。同理，可分别建立中间轴Ⅱ和低速轴Ⅲ的轴承端盖和垫片的模型。

　　每个轴承端盖均用 6 个 M8 的螺钉将其与轴承座连接。因此，端盖上均匀分布六个 $\phi7$ mm 的圆柱孔，可根据表 6.7 中光孔圆周分布圆直径 D_0 确定孔位草图，通过特征"拉伸切除"形成螺栓连接孔，操作步骤略。

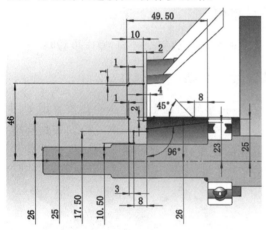　　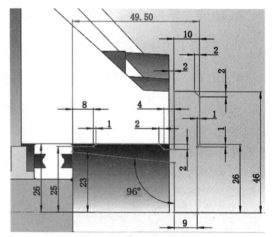

图 6.45　高速轴Ⅰ轴承端盖（透盖）草图　　　图 6.46　高速轴Ⅰ轴承端盖（闷盖）草图

　　本方案轴承均采用机座内润滑油润滑。因此，轴承端盖上应设计出便于轴承润滑的四个输油槽，其结构类型可以参考图 3.23 选择，其设计参数见表 6.7。在三维设计中，可以在端盖的前视基准面和上视基准面上分别作出输油槽的截面矩形草图，通过特征"拉伸切除"给定深度并"两侧对称"等条件形成输油槽结构，细节略。

6.13　减速器附件的三维设计与建模

6.13.1　窥视孔和窥视孔盖的设计与建模

　　窥视孔设置在减速器机盖的上表面，窥视孔凸台高度选择 5 mm，盖板选择铸铁 HT200，厚度 6 mm，选择 M6×15 六角头螺钉紧固，盖板下面加 1 mm 厚防渗垫片。插入基准面与机盖斜面平行且距其为 5 mm，在此面上绘制窥视孔凸台草图如图 6.47 所示，采用

"拉伸凸台"建模,凸台上窥视孔可采用"转换实体引用"建立草图,采用"拉伸切除"建模,窥视孔凸台螺纹孔孔位草图如图 6.48 所示,采用"异形孔向导"建模,最终的窥视孔凸台建模如图 6.49 所示。

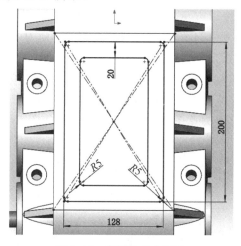

图 6.47　窥视孔凸台草图

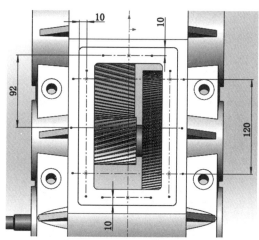

图 6.48　窥视孔凸台螺纹孔孔位草图

防渗垫片和窥视孔盖可利用机盖窥视孔凸台的草图和相关尺寸,利用"转换实体引用"分别画出截面草图,分别采用"拉伸凸台"和"拉伸切除"形成防渗垫片和窥视孔盖,通过"配合"添加六个六角头螺钉 M6×15,建模过程略。

图 6.49　窥视孔凸台建模

6.13.2　通气器的设计与建模

选择简易通气器,规格为 M16×1.5,其尺寸可按文献[3]表14-8确定,因此可直接在零件中建模,通气器的建模如图 6.50 所示,通过配合添加到装配体中,窥视孔盖及通气器的装配建模如图 6.51 所示,建模过程略。

图 6.50　通气器
　　　　　的建模

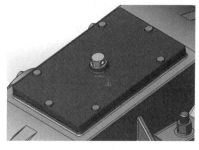

(a)

(b)

图 6.51　窥视孔盖及通气器的装配建模

6.13.3　吊耳和吊钩的设计与建模

机座和机盖上的吊钩均采用直接铸造。参考机座吊钩的设计原则(图3.5和图3.6)，$B=42.5$ mm，$\delta=10$ mm，则 $R_1=0.25B$，取 $R_1=12$ mm，$S=2\delta=20$ mm，$H=(0.8\sim1.2)B$，取 $H=42.5$ mm，$h=(0.5\sim0.6)H$，取 $h=24$ mm，选择机座左右对称面为草图平面，机座吊钩草图如图6.52所示。

参考机盖吊耳的设计原则，$\delta_1=10$ mm，$S=2\delta_1=20$ mm，$d\approx(2.5\sim3)\delta_1=25\sim30$ mm，取 $d=20$ mm，$e=(0.8\sim1)d=16\sim20$ mm，取 $e=20$ mm，$R\approx d=20$ mm，左侧 R 取 28 mm，右侧 R 取 30 mm，选择机盖左右对称面为草图平面，机盖吊耳草图如图6.53所示。

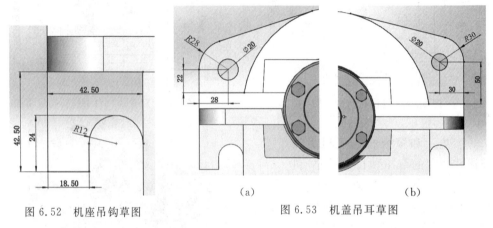

图 6.52　机座吊钩草图　　　　　图 6.53　机盖吊耳草图

根据上述草图，采用特征"拉伸凸台"，两侧对称，距离 20 mm，即可建模，机盖吊耳和机座吊钩建模如图6.54所示，操作步骤略。

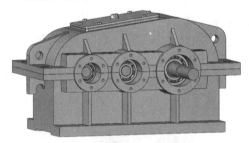

图 6.54　机盖吊耳和机座吊钩建模

6.13.4　放油螺塞的选择、放油孔的设计及建模

选择 M20×1.5×15 带有细牙螺纹的放油螺塞，放油螺塞和油圈的具体尺寸查文献[3]表14—14可知，可在SolidWorks的零件界面直接建模，放油螺塞和油圈如图6.55和6.56所示，通过配合添加到装配体中，操作步骤略。

在机座底部油池最低位置开设放油孔，放油孔设置在减速器后壁偏离对称面、偏向低速轴Ⅲ且远离大齿轮一侧，以便操作。机座外壁应设置相应的凸台，建模细节略。放油孔的结构建模在后续放油螺塞、油圈等配建模中可见。

图 6.55　放油螺塞　　　　　　　　图 6.56　油圈

6.13.5　油面指示器

本设计采用杆式油标,与机座连接螺纹为 M16,根据参考文献[3]表 14-13,查出杆式油标的尺寸,可根据尺寸直接创建零件的三维模型,油标头草图如图 6.57 所示,建模过程略,油标头部建模如图 6.58 所示。通过配合添加到装配体中。安装位置设置在减速器后壁放油孔上方的机座壁上,初步选取螺纹轴线与机座壁间夹角为 45°,安装油标凸台上表面与机座壁交线与地脚螺栓凸缘底面的距离为 90 mm,建模细节略。放油螺塞、油圈和油标的装配建模如图 6.59 所示。

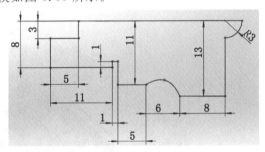

图 6.57　油标头草图　　　　　　　图 6.58　油标头部建模

油标装配后,在装配环境下,"评估"标签按钮→点击"测量",选"点到点"测量相关尺寸,判断初定的油标凸台的高度和左右位置是合适的,经测量,结果表明满足要求。

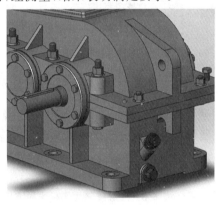

(a)　　　　　　　　　　　　　　　　(b)

图 6.59　放油螺塞、油圈和油标的装配建模

6.13.6　定位销的选择与建模

采用圆锥销作为定位销,定位销的直径一般取 $d = (0.7 \sim 0.8) d_2$,d_2 为机盖和机座连接螺栓的直径,其长度应大于机盖和机座连接凸缘的总厚度。本方案中 $d_2 = 10$ mm,$b + b_1 = 30$ mm,则 $d = 7 \sim 8$ mm,选取 $d = 8$ mm 的圆锥销,长 $l = 35$ mm,标记为:销 GB/T 117—2000 8×35。圆锥销是标准件,在装配界面可直接从 SolidWorks 的 ToolBox 中调用。

圆锥销在上盖和机座凸缘结合面上的孔位草图如图 6.60 所示,图中同时绘出了定位销长度方向中间平面上圆($d_m = \dfrac{l}{100} + d = 8.35 \text{ mm}$)的草图,机盖和机座凸缘上销孔建模时,分别按此圆向上和向下拉伸切除并设置与圆锥销相同的拔模斜度(0.573°)。注意:机座在结合面直接设置向下拔模即可,而机盖在结合面应设置向上且向外拔模,操作过程略。

6.13.7　启盖螺钉的选择与建模

本方案采用两个 M10 的启盖螺钉,其长度为 30 mm,其建模可将机座凸缘连接螺钉的端部做成圆柱形,启盖螺钉的位置设置在连接凸缘上便于操作的边缘,其孔位选择在定位销孔位所在的矩形另外两个角点上,启盖螺钉的孔位草图如图 6.60 所示。

定位销和启盖螺钉的装配建模如图 6.61 所示。

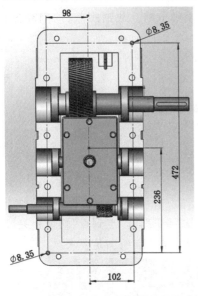
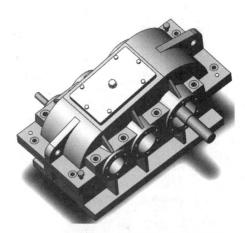

图 6.60　定位销和启盖螺钉孔的孔位草图　　　　图 6.61　定位销和启盖螺钉的装配建模

6.13.8　螺纹连接及键连接的建模

减速器的螺栓连接、螺钉连接及键连接较多,为了便于装配,二级展开式圆柱齿轮减速器螺纹紧固件连接及键连接中的标准件见表 6.8。螺纹紧固件和键都是标准件,装配时直接在 SolidWorks 的 ToolBox 中调用即可。装配建模方法参考第 5 章相关内容,这里不再赘述。

表 6.8　二级展开式圆柱齿轮减速器螺纹紧固件连接及键连接中的标准件　　　　mm

名称	代号	数量	用途
地脚螺钉 d_f	螺栓 GB/T 5780—2016 M16×50	6	减速器安装、固定
轴承旁连接螺栓直径 d_1	螺栓 GB/T 5780—2016 M12×110	8	轴承旁轴承座连接
机盖与机座连接螺栓直径 d_2	螺栓 GB/T 5780—2016 M10×45	4	机盖与机座凸缘连接
轴承端盖螺钉直径 d_3	螺栓 GB/T 5781—2016 M8×25	36	轴承端盖与机座和机盖的连接

续表 6.8　　　　　　　　　　　　　　　　　　　　　　　　mm

名称	代号	数量	用途
窥视孔盖螺钉直径 d_4	螺栓 GB/T 5781—2016 M6×15	6	固定窥视盖板
定位销直径 d	销 GB/T 117—2016 8×35	2	机盖拆卸后再安装定位
启盖螺钉	螺栓 GB/T 5781—2016 M10×25	2	拆卸机盖
弹簧垫圈	垫圈 GB/T 93—1987 10	4	机盖与机座凸缘螺栓连接的防松
弹簧垫圈	垫圈 GB/T 93—1987 12	8	轴承旁轴承座螺栓连接的防松
六角螺母	螺母 GB/T6170—2015 M10	4	机盖与机座凸缘螺栓连接
六角螺母	螺母 GB/T6170—2015 M12	8	机盖和机座轴承座螺栓连接
$\phi30$ 轴键,轴 $t=4$,毂 $t_1=3.3$	GB/T 1096—2003 键 8×7×70	1	连接低速轴Ⅲ与工作机联轴器
$\phi45$ 轴键,轴 $t=5.5$,毂 $t_1=3.8$	GB/T 1096—2003 键 14×9×45	1	连接低速轴Ⅲ与齿轮 4
$\phi28$ 轴键,轴 $t=4$,毂 $t_1=3.3$	GB/T 1096—2003 键 8×7×50	1	连接中间轴Ⅱ与齿轮 3
$\phi28$ 轴键,轴 $t=4$,毂 $t_1=3.3$	GB/T 1096—2003 键 8×7×22	1	连接中间轴Ⅱ与齿轮 2
$\phi16$ 轴键,轴 $t=3$,毂 $t_1=2.3$	GB/T 1096—2003 键 5×5×36	1	连接高速轴Ⅰ与电动机联轴器

6.14　减速器机座和机盖输油沟的设计与建模

　　方案二的轴承采用机座内润滑油润滑。因此,需要在机盖侧壁和机座凸缘上设计输油沟,以便将飞溅到箱体侧壁上的润滑油收集起来,导入轴承座孔润滑轴承。在凸缘上销孔、螺栓连接孔等孔位确定后,选择铸造油沟,油沟距机座内壁的距离 $a=6$ mm,油沟宽 $b=8$ mm,油沟深度 $c=5$ mm。将机座凸缘上表面作为草图平面,输油沟在机座凸缘上分布草图如图 6.62 所示(草图上的具体尺寸略),利用"拉伸切除"特征,距离为深度 5 mm,拔模斜度为 3°,即可形成机座输油沟的建模。将机盖凸缘下表面内壁四周的棱线利用特征"倒角"选择"角度距离"项为(30°,25),形成机盖的输油沟。机盖输油沟的建模如图 6.63 所示,操作步骤略。

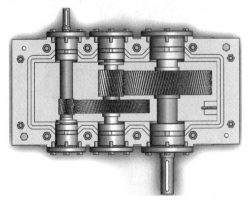

图 6.62　机座凸缘上油沟分布草图

图 6.63　机盖输油沟的建模

6.15　减速器三维模型的完善

机座和机盖轴承旁连接螺栓为 GB/T 5780—2016 M12×110,其长度为 110 mm,测量机座轴承旁凸台表面与机座底凸缘上表面间的距离为 84 mm,可见,螺栓不能实现装配。因此,编辑机座主体的拉伸特征长度由 140 mm 变为 177 mm,拉长了 37 mm,以满足装配要求。发生此变化后,注意考虑相关联的结构参数也应做相应调整,如安装油标凸台上表面与机座壁的交线距地脚螺栓凸缘底面的距离为 90 mm,应调整为 90+37=127(mm)。

减速器的主要建模完成后,可在装配环境下编辑某零件,对零件的工艺结构进行细化。例如,轴端倒角为 C1,轴肩倒圆为 R0.5,轴承座旁凸台边线倒角为 R18,机座和机盖的铸造圆角为 R2 ~ R5,套筒和挡油板视轴的安装方向,孔口倒角为 C1,齿轮的孔口倒角为 C1 等等。最终完善后的二级齿轮减速器三维模型如图 6.64 所示。

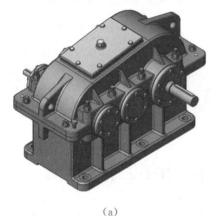
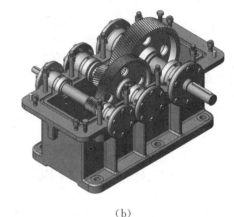

（a）　　　　　　　　　　　　　　　（b）

图 6.64　二级展开式圆柱齿轮减速器三维模型

6.16　减速器三维模型的渲染图与爆炸图

二级展开式圆柱齿轮减速器的三维建模和装配完成后,为了更好地观察产品的造型、结构、外观颜色及纹理情况,需要对产品模型进行外观设置和渲染处理。渲染是指通过模拟模型材料的光学特性,并计算光线的行程来生成逼真的图像。渲染一般包含"材质设置""灯光设置"及"其他选项设置"等内容,可参考相关资料或书籍。

二级展开式圆柱齿轮减速器渲染图如图 6.65 所示,减速器渲染后的爆炸图如图 6.66 所示。

图 6.65　二级展开式圆柱齿轮减速器渲染图

图 6.66　减速器渲染后的爆炸图

第7章 减速器二维装配图和零件工作图图例

目前的三维设计软件难以完全满足符合国家标准的各种专业工程图的设计需要。因此,一般由减速器的三维建模直接生成二维的装配图和二维零件工作图后,将其转变为 AutoCAD 文件,在 AutoCAD 中按照专业工程图的规范进行适当的修改,最终完成二维图纸。但值得注意的是,SolidWorks 中设计数据的关联性在 AutoCAD 中将不存在。

生成减速器二维装配图的基本步骤如下。

(1)定义装配图工程图的图纸大小、属性和格式。

(2)分析装配体,确定装配体的表达方案,选用模型视图,先生成主视图,然后依次添加其他视图。

(3)添加属性链接。

(4)添加中心线,插入模型尺寸,补充尺寸标注,完成装配体的尺寸标注。

(5)添加尺寸公差和形位公差、添加注解等,完成装配体技术要求的标注。

(6)定义零件模型的相关属性,通过与工程图的属性链接,自动完成标题栏的填写。

(7)在装配模型工程图中添加零件序号。

(8)生成装配体零件明细表。

(9)将工程图转化为 AutoCAD 文件,进行进一步规范。

生成二维装配图过程中应注意的问题如下。

(1)为便于修改,转换成工程图时,对视图可以进行设置切边不可见、添加中心线等操作,然后再将工程图转化为 CAD 文件。

(2)蜗轮、蜗杆、齿轮、转轴等零件生成工程图后,应按国家标准的规定画法修改其投影。

(3)标准件如螺栓、弹簧垫圈、内六角螺栓、密封圈、轴承等应按国家标准的规定画法修改其投影。

7.1 减速器二维装配图图例

装配工作图主要包括减速器装配体的视图表达,必要的尺寸标注,技术要求,零部件的序号、明细栏及标题栏,减速器的技术特性表。这些内容在二维机械设计课程设计指导书中已有详细说明,在此不再赘述。

国家标准(GB/T 18229—2000)的标题栏和明细栏的格式如图 7.1 和图 7.2 所示。由于国标推荐的标题栏和明细栏占用的篇幅较大,因此,本章的图例中均采用适合教学要求的简化标题栏和明细栏。

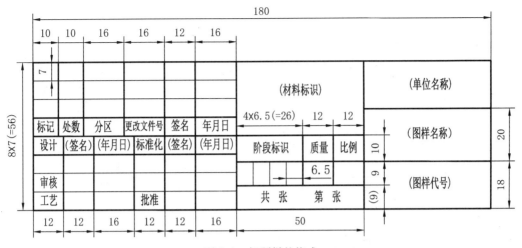

图 7.1　标题栏的格式

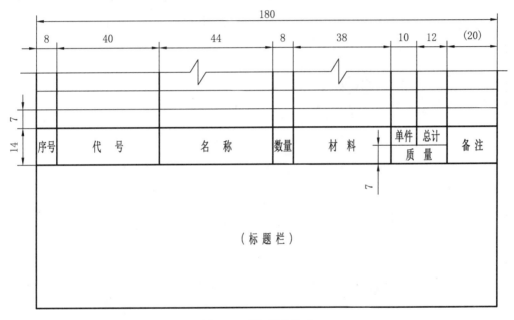

图 7.2　明细栏的格式

7.1.1　一级蜗杆减速器装配图图例

方案一的一级蜗杆减速器装配图如图 7.3 所示。

7.1.2　二级展开式圆柱齿轮减速器装配图图例

方案二的二级展开式圆柱齿轮减速器装配图如图 7.4 所示。方案一中的蜗轮装配图如图 7.5 所示。注意:若不单独绘制蜗轮的轮芯和轮缘零件图,仅以蜗轮装配图表达装配结构的蜗轮,则必须标注出零件的全部尺寸、表面粗糙度及必要的形位公差。

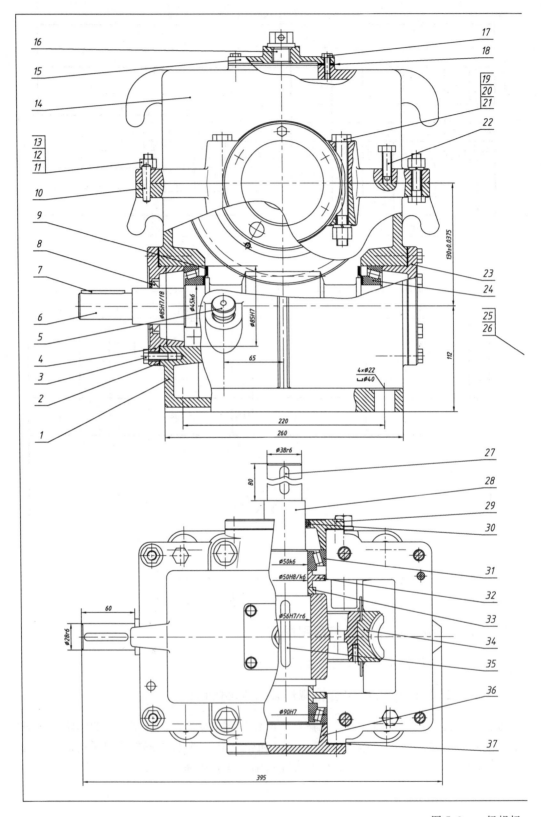

图 7.3   一级蜗杆

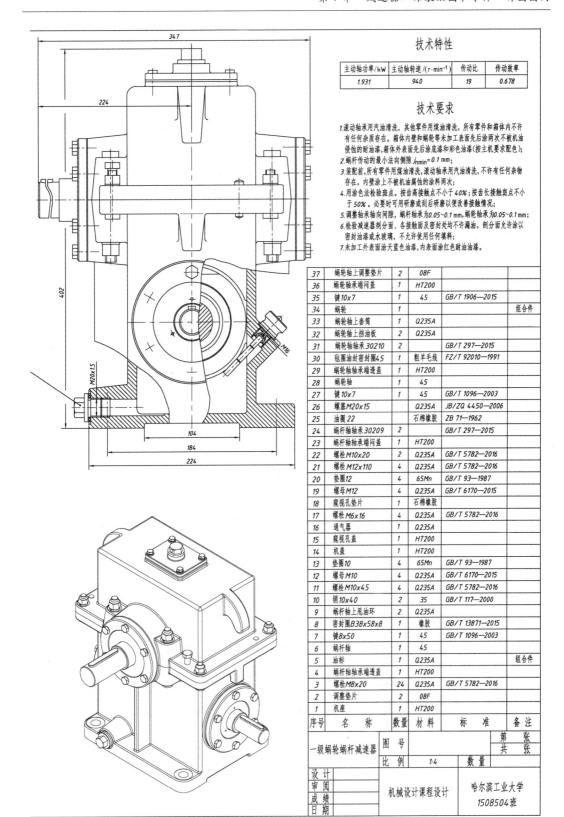

技术特性

主动轴功率/kW	主动轴转速 /(r·min⁻¹)	传动比	传动效率
1.931	940	19	0.678

技术要求

1. 滚动轴承用汽油清洗,其他零件用煤油清洗。所有零件和箱体内不许有任何杂质存在。箱体内壁和蜗轮等未加工表面先后涂两次不被机油侵蚀的耐油漆,箱体外表面先后涂底漆和彩色油漆(按主机要求配色);
2. 蜗杆传动的最小法向侧隙 $j_{nmin}=0.1$ mm;
3. 装配前,所有零件用煤油清洗,滚动轴承用汽油清洗,不许有任何杂物存在。内壁涂上不被机油腐蚀的涂料两次。
4. 用涂色法检验斑点。按齿高接触点不小于40%;按齿长接触点不小于50%。必要时可用研磨或到后研磨以便改善接触情况。
5. 调整轴向间隙,蜗杆轴承为0.05~0.1 mm,蜗轮轴承0.05~0.1 mm。
6. 检验减速器剖分面、各接触面及密封处均不许漏油。剖分面允许涂以密封油漆或水玻璃,不允许使用任何填料。
7. 未加工外表面涂天蓝色油漆,内表面涂红色耐油油漆。

37	蜗轮轴上调整垫片	2	08F		
36	蜗轮轴承端闷盖	1	HT200		
35	键10x7	1	45	GB/T 1906—2015	
34	蜗轮	1			组合件
33	蜗轮轴上套筒	2	Q235A		
32	蜗轮轴上挡油板	2	Q235A		
31	蜗轮轴承30210	2		GB/T 297—2015	
30	毡圈油封密封圈45	1	粗羊毛线	FZ/T 92010—1991	
29	蜗轮轴承端透盖	1	HT200		
28	蜗轮轴	1	45		
27	键10x7	1	45	GB/T 1096—2003	
26	螺塞M20x15	1	Q235A	JB/ZQ 4450—2006	
25	油圈22	1	石棉橡胶	ZB 71—1962	
24	蜗杆轴承30209	2		GB/T 297—2015	
23	蜗杆轴轴承端闷盖	1	HT200		
22	螺栓M10x20	2	Q235A	GB/T 5782—2016	
21	螺栓M12x110	4	Q235A	GB/T 5782—2016	
20	垫圈12	4	65Mn	GB/T 93—1987	
19	螺母M12	4	Q235A	GB/T 6170—2015	
18	窥视孔垫片	1	石棉橡胶		
17	螺栓M6x16	4	Q235A	GB/T 5782—2016	
16	通气器	1	Q235A		
15	窥视孔盖	1	HT200		
14	机盖	1	HT200		
13	垫圈10	4	65Mn	GB/T 93—1987	
12	螺母M10	4	Q235A	GB/T 6170—2015	
11	螺栓M10x45	4	Q235A	GB/T 5782—2016	
10	销10x40	2	35	GB/T 117—2000	
9	蜗杆轴上甩油环	2	Q235A		
8	密封圈B38x58x8	1	橡胶	GB/T 13871—2015	
7	键8x50	1	45	GB/T 1096—2003	
6	蜗杆轴	1	45		
5	油标	1	Q235A		组合件
4	蜗杆轴轴承端透盖	1	HT200		
3	螺栓M8x20	24	Q235A	GB/T 5782—2016	
2	调整垫片	2	08F		
1	机座	1	HT200		
序号	名　称	数量	材料	标　准	备　注

一级蜗轮蜗杆减速器	图号		第　张
			共　张
比例	1:4	数量	
设计		机械设计课程设计	哈尔滨工业大学
审阅			1508504班
成绩			
日期			

减速器装配图

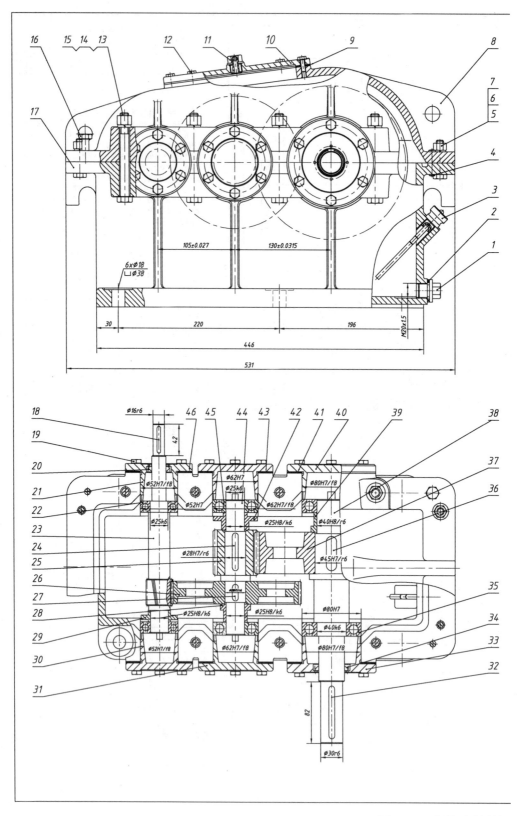

图 7.4　二级展开式圆柱

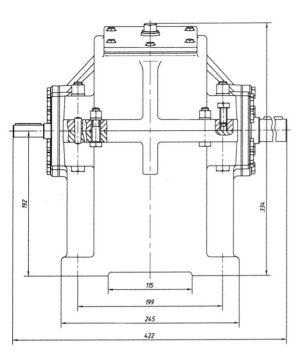

技术特性

功率/kW	高速轴转速/(r·min⁻¹)	传动比
2.305	1420	18.55

序号	名 称	数量	材料	标 准	备 注
46	高速轴垫片	2	08F		
45	深沟球轴承6305	2		GB/T 276—2013	
44	中间轴	1	40Cr		
43	中间轴垫片	2	08F		
42	中间轴挡油板	2	Q235A		
41	低速轴垫片	2	08F		
40	低速轴轴承闷盖	1	HT200		
39	低速轴套筒	1	Q235A		
38	低速轴	1	40Cr		
37	低速轴大齿轮	1	40Cr		
36	键14x9x45	1	45	GB/T 1096—2003	
35	深沟球轴承6208	2		GB/T 276—2013	
34	低速轴内包骨架唇形密封圈	1	橡胶	GB/T 13871.1—2015	
33	低速轴轴承端透盖	1	HT200		
32	键8x7x70	1	45	GB/T 1096—2003	
31	中间轴承闷盖	2	HT200		
30	高速轴承端闷盖	1	HT200		
29	高速轴挡油板	2	Q235A		
28	中间轴套筒	1	Q235A		
27	键8x7x22	1	45	GB/T 1096—2003	
26	中间轴大齿轮	1	40Cr		
25	中间轴小齿轮	1	40Cr		
24	键8x7x50	1	45	GB/T 1096—2003	
23	高速级齿轮轴	1	40Cr		
22	深沟球轴承6205	2		GB/T 276—2013	
21	高速轴轴承端透盖	1	HT200		
20	高速轴内包骨架唇形密封圈	1	橡胶	GB/T 13871.1—2015	
19	螺栓M8x25	36	Q235A	GB/T 5782—2016	
18	键5x5x36	1	45	GB/T 1096—2003	
17	机座	1	HT200		
16	启盖螺钉M10x25	2	Q235A	GB/T 5782—2016	
15	螺母M12	8	Q235A	GB/T 6170—2015	
14	垫圈12	8	65Mn	GB/T 93—1987	
13	螺栓M12x110	8	Q235A	GB/T 5782—2016	
12	螺栓M6x15	4	Q235A	GB/T 5782—2016	
11	通气器	1	Q235A		
10	窥视孔盖	1	HT200		
9	窥视孔垫片	1	石棉橡胶		
8	机盖	1	HT200		
7	螺母M10	4	Q235A	GB/T 6170—2015	
6	垫圈10	4	65Mn	GB/T 93—1987	
5	螺栓M10x45	4	Q235A	GB/T 5782—2016	
4	圆锥销8x40	2	35	GB/T 117—2000	
3	油标	1	Q235A		组合件
2	放油孔垫圈	1	石棉橡胶		
1	螺塞M20x15	1	Q235A		

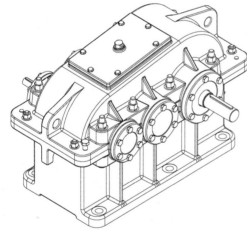

技术要求

1. 装配前，所有零件用煤油清洗，滚动轴承用汽油清洗，不许杂物存在，
   内壁涂上抗腐蚀涂料两次；
2. 啮合侧隙用铅丝检验不小于0.13 mm，铅丝不得大于最小侧隙的4倍；
3. 用涂色法检验斑点。按齿高接触点不小于40%；按齿长接触斑点不小于70%，
   必要时可用研磨或刮后研磨；
4. 应调整轴承外圈与轴承端盖之间留有间隙0.25～0.4 mm；
5. 检验减速器剖分面、各接触面及密封处，均不许漏油。剖分面允许涂以密封
   油漆或水玻璃，禁止使用填料；
6. 装N100润滑油至规定高度；
7. 机座外表面先后涂底漆和天蓝色油漆。

二级圆柱齿轮减速器		图 号	A3		第 张
					共 张
		比 例	1:5	数 量	
设计			机械设计课程设计	哈尔滨工业大学	
审阅				1508504班	
成绩					
日期					

齿轮减速器装配图

三维机械设计课程设计指导书

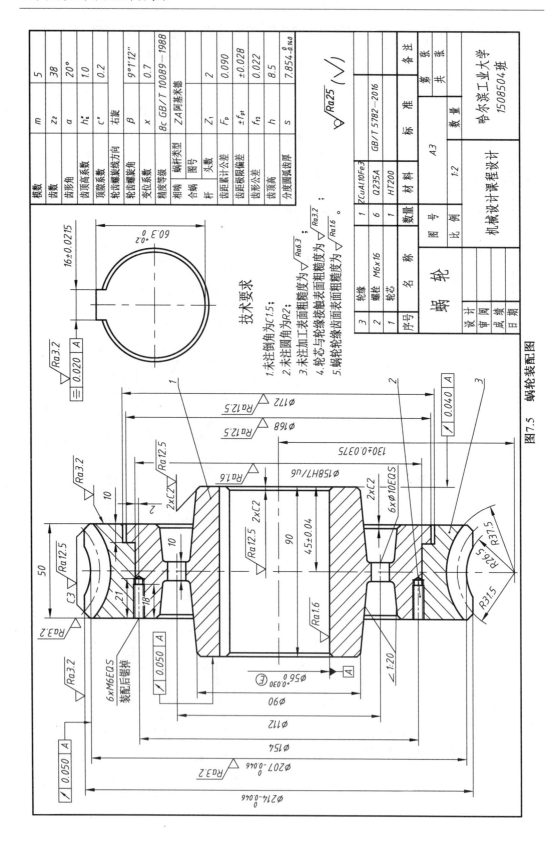

图 7.5 蜗轮装配图

7.2　减速器二维零件工作图图例

零件工作图是零件加工制造的依据,它主要包括以下四部分内容。

(1)一组图形。利用各种表达方法(视图、剖视、断面、简化方法等),正确、完整、清晰地表达零件的各部分(内外)形状和结构及其相对位置。

(2)足够的尺寸。这些尺寸用于表达零件各部分形状大小和相对位置,零件图应正确、完整、清晰、合理地注出零件制造、检验时的全部尺寸。

(3)技术要求。用规定的符号、数字、文字等表明零件在加工制造、检验、装配、调整过程中应达到的各项质量要求。它包括零件的尺寸公差、表面粗糙度、形位公差和零件的材料及表面处理。

(4)标题栏。说明零件名称、材料、数量、绘图比例、图样代号以及对零件图负有责任的设计、绘图人员等的签名和设计单位。

1. 轴套类零件工作图

图 7.6 为蜗轮轴零件图。

2. 轮盘盖类零件工作图

图 7.7 为二级齿轮减速器输出轴上的齿轮零件图,图 7.8 为二级齿轮减速器轴承端盖零件图。

3. 箱体类零件工作图

图 7.9 为二级齿轮减速器机座零件图。

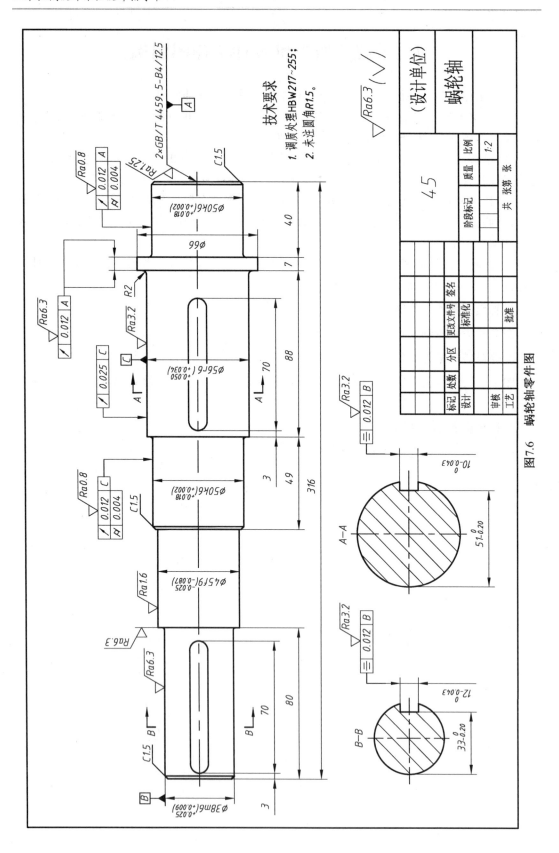

图7.6 蜗轮轴零件图

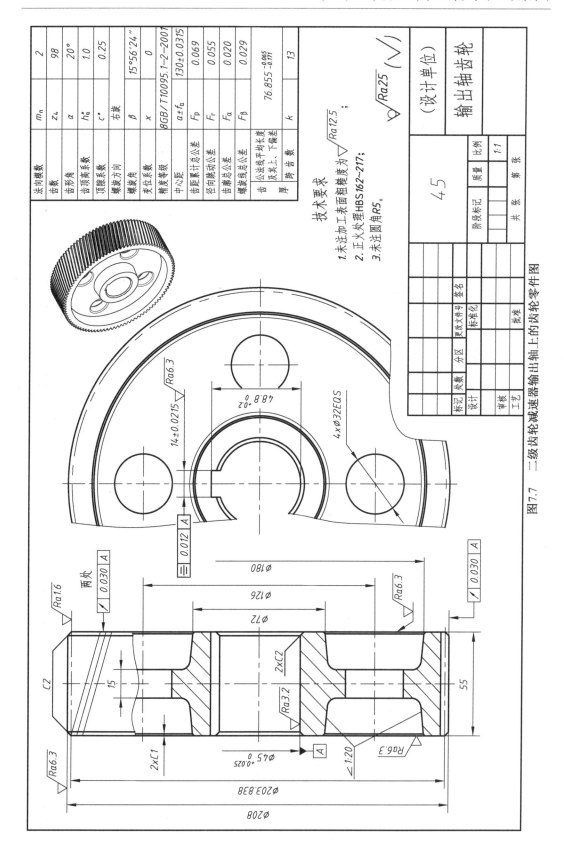

法向模数	m_n		2
齿数	z_4		98
齿形角	α		20°
齿顶高系数	h_a^*		1.0
顶隙系数	c^*		0.25
螺旋方向	右旋		
螺旋角	β		15°56′24″
变位系数	x		0
精度等级	8GB/T10095.1-2-2001		
中心距	$a\pm f_a$		130±0.0315
齿距累计总公差	F_p		0.069
经向跳动公差	F_r		0.055
齿廓总公差	F_a		0.020
螺旋线总公差	F_β		0.029
齿　公法线平均长度 　及其上、下偏差	76.855$^{-0.065}_{-0.171}$		
厚　跨齿数	k		13

技术要求

1. 未注加工表面粗糙度为 $\sqrt{Ra12.5}$;
2. 正火处理HBS162~217;
3. 未注圆角R5。

$\sqrt{Ra25}$ ($\sqrt{\ }$)

		(设计单位)
		输出轴齿轮

45		比例	1:1
	阶段标记	质量	
		第 张	
		共 张	

标记	处数	分区	更改文件号	签名
设计			标准化	
审核				
工艺			批准	

图7.7　二级齿轮减速器输出轴上的齿轮零件图

两处

$\sqrt{Ra1.6}$

$\sqrt{Ra6.3}$

14±0.0215 $\sqrt{Ra6.3}$

48.8$^{+0.2}_{0}$

4×φ32EQS

$\boxed{\equiv\ 0.012\ |\ A}$

$\boxed{/\ 0.030\ |\ A}$

$\boxed{/\ 0.030\ |\ A}$

φ180

φ126

φ72

2×C2

15

$\sqrt{Ra3.2}$

55

C2

2×C1

φ45$^{+0.025}_{0}$

1:20

$\boxed{A}$

$\sqrt{R6.3}$

φ203.838

φ208

$\sqrt{Ra6.3}$

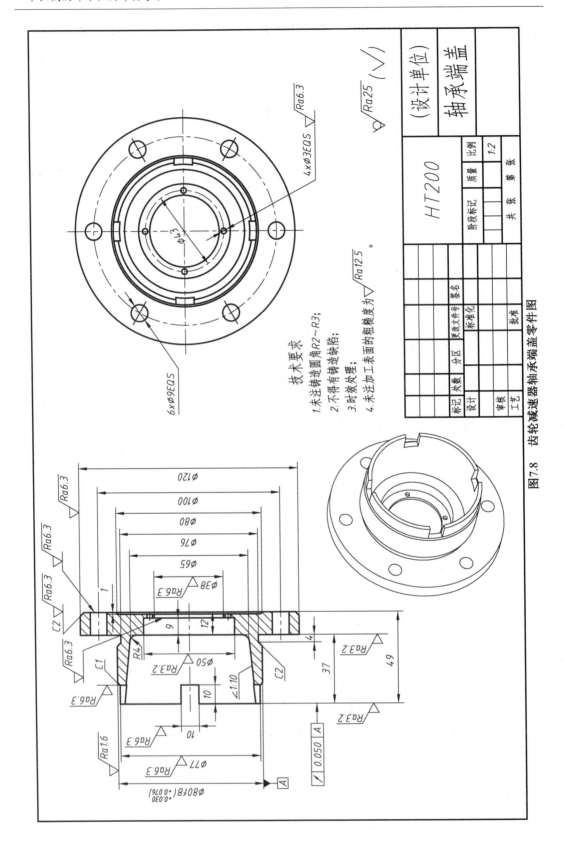

技术要求

1.未注铸造圆角R2~R3;

2.不得有铸造缺陷;

3.时效处理;

4.未注加工表面的粗糙度为 $\sqrt{Ra12.5}$。

图7.8 齿轮减速器轴承端盖零件图

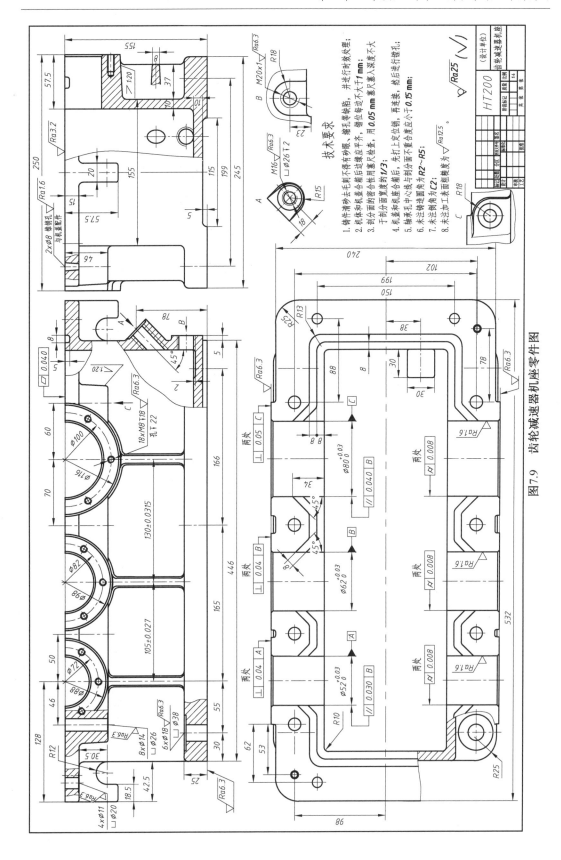

图7.9　齿轮减速器机座零件图

齿轮减速器机座三维设计模型如图 7.10 所示。

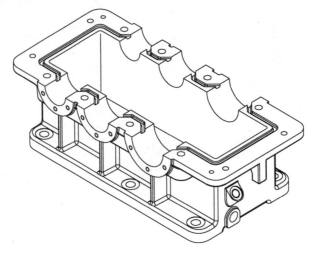

图 7.10　齿轮减速器机座三维设计模型

参考文献

[1] 宋宝玉.机械设计课程设计指导书[M].北京:高等教育出版社,2006.

[2] 宋宝玉,王黎钦.机械设计[M].北京:高等教育出版社,2010.

[3] 王连明.机械设计课程设计[M].哈尔滨:哈尔滨工业大学出版社,1996.

[4] 张锋,古乐.机械设计课程设计手册[M].北京:高等教育出版社,2010.

[5] 宋宝玉.简明机械设计课程设计图册[M].北京:高等教育出版社,2007.

[6] 王连明,宋宝玉.机械设计课程设计[M].3版.哈尔滨:哈尔滨工业大学出版社,2008.

[7] 张锋,宋宝玉.机械设计大作业指导书[M].北京:高等教育出版社,2009.

[8] 陈铁鸣.新编机械设计课程设计图册[M].北京:高等教育出版社,2003.

[9] 吴佩年,栾英艳.计算机绘图基础教程[M].北京:机械工业出版社,2016.

[10] 魏峥,赵功,宋晓明.SolidWorks设计与应用教程[M].北京:清华大学出版社,2009.

[11] 中国国家标准管理委员会.圆柱蜗杆传动基本参数:GB/T 10085—2018[S].北京:中国标准出版社,2018.